Berichte aus dem
Institut für Umformtechnik
der Universität Stuttgart
Herausgeber: Prof. Dr.-Ing. K. Lange

71

Thomas Gräbener

Entwicklung und Anwendung neuer Schmierstoffprüfverfahren für die Kaltmassivumformung

Mit 65 Abbildungen

Springer-Verlag
Berlin Heidelberg New York Tokyo 1983

Dipl.-Ing. Thomas Gräbener
Institut für Umformtechnik
Universität Stuttgart

Dr.-Ing. Kurt Lange
o. Professor an der Universität Stuttgart
Institut für Umformtechnik

D 93

ISBN-13:978-3-540-12836-6 e-ISBN-13:978-3-642-82134-9
DOI: 10.1007/978-3-642-82134-9

Gesamtherstellung: Copydruck GmbH, Offsetdruckerei, Industriestraße 1-3, 7251 Heimsheim, Telefon 0 70 33/38 25-26
2362/3020—543210

GELEITWORT DES HERAUSGEBERS

Die Umformtechnik zeichnet sich durch sehr gute Werkstoffauswertung und hohe Mengenleistung in der Serienfertigung gegenüber anderen Fertigungsverfahren aus, wobei Beibehaltung der Masse, Änderung der Festigkeitseigenschaften während eines Vorgangs und elastische Rückfederung der Werkstücke nach einem Vorgang wesentliche Merkmale sind. Weiter sind die benötigten Kräfte, Arbeiten und Leistungen sehr viel größer als z.B. bei spanenden Verfahren. Die sichere Beherrschung eines Verfahrens in der industriellen Fertigung und die zunehmende Forderung nach Vermeidung bzw. Minimierung spanender Nacharbeit erzwingen die geschlossene Betrachtung des Systems "Umformende Fertigung" unter zentraler Berücksichtigung plastizitätstheoretischer, werkstoffkundlicher und tribologischer Grundlagen.

Das Institut für Umformtechnik der Universität Stuttgart stellt entsprechend Forschung und Entwicklung zum einen auf die Erarbeitung von Grundlagenwissen in diesen Bereichen ab, zum anderen untersucht und entwickelt es Verfahren unter Anwendung spezieller Meßtechniken mit dem Ziel einer genauen quantitativen Ermittlung des Einflusses der Parameter von Vorgang, Werkstoff, Werkzeug und Maschine. Die Behandlung von Problemen des Maschinenverhaltens, der Maschinenkonstruktion sowie der Werkzeugauslegung und -beanspruchung, der Auswahl hochbeanspruchbarer, verschleißfester Werkzeugbaustoffe und schließlich der Tribologie gehört entsprechend ebenfalls zum Arbeitsgebiet, das durch die Erfassung organisatorischer und betriebswirtschaftlicher Fragen abgerundet wird.

Im Rahmen der "Berichte aus dem Institut für Umformtechnik" erscheinen in zwangloser Folge jährlich mehrere Bände, in denen über einzelne Themen ausführlich berichtet wird. Dabei handelt es sich vornehmlich um Abschlußberichte von Forschungsvorhaben, Dissertationen, aber gelegentlich auch um andere Texte. Diese Berichte sollen den in der Praxis stehenden Ingenieuren und Wissenschaftlern zur Weiterbildung dienen und eine Hilfe bei der Lösung umformtechnischer Aufgaben sein. Für die Studierenden bieten sie die Möglichkeit zur Vertiefung der Kenntnisse. Die seit zwei Jahrzehnten bewährte freundschaftliche Zusammenarbeit mit dem Springer-Verlag sehe ich als beste Voraussetzung für das Gelingen dieses Vorhabens an.

Kurt Lange

Vorwort

Die vorliegende Arbeit entstand während meiner Tätigkeit als wissenschaftlicher Mitarbeiter am Institut für Umformtechnik der Universität Stuttgart.

Herrn Professor Dr.-Ing. K. Lange danke ich sehr herzlich für das mir entgegengebrachte Vertrauen und seine großzügige Förderung und Unterstützung bei der Anfertigung dieser Arbeit.

Herrn Professor Dr.-Ing. H. Uetz bin ich für sein Interesse an der Arbeit und seine wertvollen Hinweise und Anregungen sehr dankbar.

Weiterhin möchte ich Herrn Dr.-Ing. K. Pöhlandt für die Betreuung und Durchsicht der Arbeit sowie für die kritische Diskussion der Ergebnisse danken. Ebenso gilt mein Dank allen Mitarbeiterinnen und Mitarbeitern des Institutes für Umformtechnik, die durch ihre Hilfe zum Gelingen der Arbeit beigetragen haben.

Die Mittel zur Durchführung dieser Untersuchung wurden vom Bundesministerium für Forschung und Technologie (BMFT) zur Verfügung gestellt. Für diese Förderung bin ich gleichfalls zu Dank verpflichtet. Ferner sei der Firma Hoechst Aktiengesellschaft, Gersthofen, und dort besonders Herrn Dipl.-Ing. H. Landau für tatkräftige Unterstützung gedankt.

Rothenburg ob der Tauber, Mai 1983

Thomas Gräbener

Inhaltsverzeichnis

Verzeichnis der wichtigsten Abkürzungen

Allgemeine Zeichen

A	mm^2	Querschnittsfläche, Oberfläche
A*	mm^2	Kontaktfläche
b	mm	Breite
c	µm	Schnittlinientiefe
C_A	%	Anteil aromatischer Kohlenwasserstoffe
C_N	%	Anteil naphtenischer Kohlenwasserstoffe
C_P	%	Anteil paraffinischer Kohlenwasserstoffe
d	mm	Durchmesser
E	N/mm^2	Elastizitätsmodul
F	N	Kraft
h	mm	Höhe, Kantenlänge
HRC		Härte (Rockwell)
J	mm^4	Flächenträgheitsmoment
k_f	N/mm^2	Fließspannung
l	mm	Länge
n		Verfestigungsexponent
p	N/mm^2	Flächenpressung
$\overline{p}$	N/mm^2	mittlere Flächenpressung
r	mm	Übergangsradius
R_a	µm	Mittenrauhwert
R_m	N/mm^2	Zugfestigkeit
R_Z	µm	gemittelte Rauhtiefe
s	mm	Dicke, Weg
t_p	%	Profiltraganteil
v	mm/s	Geschwindigkeit
$\overline{v}$	mm/s	mittlere Geschwindigkeit
VI		Viskositätsindex
x, y, z		kartesische Koordinaten
x*	mm	neutraler Punkt
z	mm	Abstand
α	grd	Werkzeugöffnungs-, Stauchbahnneigungswinkel
γ	grd	Scherung, Schiebungswinkel
$\dot{\gamma}$	1/s	Schiebungsgeschwindigkeit
ε		Formänderung
$\dot{\varepsilon}$	1/s	Formänderungsgeschwindigkeit

λ		Proportionalitätsfaktor
μ		Reibzahl
ρ	grd	Reibwinkel
σ	N/mm^2	Spannung
τ	N/mm^2	Schubspannung
φ	$\varphi = \ln A_0/A_1$	Umformgrad
$\vert\varphi\vert$	$\vert\varphi\vert = \vert\ln h_1/h_0\vert$	Stauchgrad, Umformgrad
$\dot{\varphi}$	1/s	Umformgeschwindigkeit

Indizes

B	Bruch...
D	Druck..., Drück...
E	extrapoliert
ges	Gesamt...
i	Innen...
id	ideell
K	Knick...
L	Lager...
m	mittlere
max	maximal
min	minimal
n	in Normalenrichtung
N	Normal...
Q	Quer...
R	Reib...
rel	Relativ...
Sch	Schiebungs...
St	Stempel...
t	Tangential
V	Verlust..., Vergleichs...
Wz	Werkzeug...
x	in x - Richtung
y	in y - Richtung
z	in z - Richtung
Z	Zug..., Zieh...
ZD	Ziehdrück...
zul	zulässig
O	Anfangs...

1	End...

Abkürzungen

DMS	Dehnmeßstreifen
EP	extreme pressure
HVFP	Hohl-Vorwärts-Fließpressen
IR	Infrarot-Spektralanalyse
NRFP	Napf-Rückwärts-Fließpressen
S	Schmierstoff
VVFP	Voll-Vorwärts-Fließpressen

0 Einleitung

In den letzten Jahren hat das Bewußtsein der Notwendigkeit einer Klärung der Probleme von Reibung, Schmierung und Verschleiß zugenommen. Diese Entwicklung ist größtenteils auf die Veröffentlichung einer Studie (Jost-Report) [1] im Jahre 1966 in Großbritannien zurückzuführen. Sie zeigte erstmals auf, wie hoch die durch Reibung und Verschleiß verursachten volkswirtschaftlichen Verluste sind. Demnach wären damals durch reibungs- und verschleißmindernde Maßnahmen Einsparungen in Höhe von 2 % des Bruttosozialproduktes möglich gewesen. Einsparmöglichkeiten in Höhe von 11 % des nationalen Energieverbrauches schätzte eine amerikanische Studie der ASME [2] 1977 für die USA ab. Ein neuerer Bericht von Jost und Schofield [3] aus dem Jahr 1981 gibt an, daß heute in Großbritannien durch tribologische Maßnahmen 2 bis 3 Mrd. DM eingespart werden könnten. Dazu wäre ein fünfjähriges Forschungsprogramm mit einem Gesamtvolumen von nur 60 Mio. DM erforderlich.

In der Bundesrepublik Deutschland wurde in den Jahren 1975 und 1976 eine ähnliche Untersuchung durch das BMFT finanziert [4]. Darin wurden Verluste, bedingt durch Reibungs- und Verschleißprobleme, von mehr als 10 Mrd. DM pro Jahr (für 1975) angegeben. Eine Studie der Deutschen Gesellschaft für Mineralölwissenschaft und Kohlechemie (DGMK) [5] aus dem Jahr 1974 spricht sogar von einem Betrag in Höhe von 12,5 Mrd. DM pro Jahr.

Aufbauend auf diese Ergebnisse wurden Förderprogramme ins Leben gerufen mit dem Ziel, die Ursachen für diese Verluste zu erfassen und gezielt zu bekämpfen. Als Ansatzpunkte einer tribologischen Forschung müssen sowohl maschinenbezogene Verluste (Ersatzteile, Wartung, Lebensdauer (Investitionen), Ausfallzeiten), als auch besonders in der Umformtechnik die Aufwendungen für Werkzeugersatz bzw. Nacharbeit angesehen werden. Eine möglichst niedrige Reibung mit dem Ziel der Energieeinsparung ist ebenfalls von Bedeutung.

Lösungen tribologischer Probleme setzen eine systematische Analyse der Reibungs- und Verschleißvorgänge voraus. In entsprechenden Arbeiten [6 bis 10] wurden Systembetrachtungen vorgenommen, um die Vielzahl der Parameter und Einflußgrößen auf den tribologischen Vorgang zu berücksichtigen und zu klassifizieren.

Diese Systematik liegt auch der DIN 50 320 "Verschleiß: Begriffe, Systemanalyse von Verschleißvorgängen, Gliederung des Verschleißgebietes" zugrunde, vgl. Bild 1.

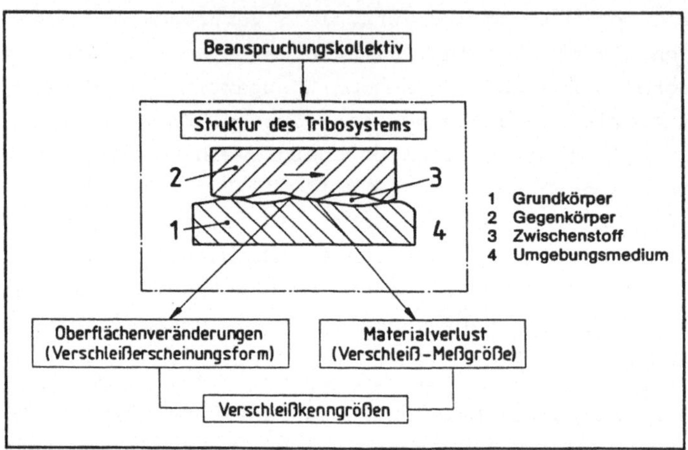

Bild 1: Darstellung eines Tribosystems nach DIN 50 320.

Die Struktur des Tribosystems bei Umformvorgängen wird durch Grund- und Gegenkörper, also Werkzeug und Werkstück, den Zwischenstoff, in diesem Fall den Schmierstoff, und das Umgebungsmedium, i.a. die Atmosphäre, gekennzeichnet. Das Beanspruchungskollektiv beinhaltet die von außen einwirkenden tribologischen Belastungen, wie Spannungen, Temperatur, Oberflächenvergrößerung, Gleitgeschwindigkeit, u.a.

Die Optimierung eines tribologischen Systems kann durch gezielte Variation der Reibpartnerwerkstoffe sowie des Schmierstoffs erfolgen. In der industriellen Praxis ist eine tribologisch günstige Auswahl des Werkstückwerkstoffs nicht möglich. Durch Oberflächenbeschichtungsverfahren kann der Werkzeugverschleiß verringert werden. Eine oft erfolgreiche Vorgehensweise ist jedoch ein gezielter Schmierstoffeinsatz zur Verbesserung der Reibbedingungen.

Die Schmierstoffauswahl erfolgt i.a. aufgrund der Ergebnisse von Schmierstoffprüfversuchen. Diese können am Umformteil selbst im Produktionsprozess oder in Modell-Prüfverfahren vorgenommen werden. Eine Schmierstoffprüfung unter Produktionsbedingungen hat den Nachteil eines hohen Zeit- und Kostenaufwandes. Fällt ein Versuchs- oder Produktionswerkzeug durch Verschleiß oder sogar Bruch aus, werden Ersatz- oder Nacharbeitskosten verursacht. Weiterhin ist es aufgrund der nicht genau definierbaren Reibbereiche nicht möglich, eine Reibzahl zu berechnen. Es können nur Aussagen zur Eignung eines Schmierstoffes für das betreffende Umformverfahren gemacht werden.

Eine Schmierstoffprüfung mittels Modellversuchen ist dagegen leicht durchführbar, liefert schnell Ergebnisse und ist universell in vielen Umformmaschinen einsetzbar. Nachteilig bei den vorhandenen Schmierstoffprüfverfahren ist, daß sie in vielen Fällen die realen tribologischen Bedingungen der Umformverfahren nicht genau genug wiedergeben. Kennwerte zur Beurteilung des Schmierstoffs, wie z.B. die Reibzahl μ, sind daher nur bedingt übertragbar.

Die vorliegende Untersuchung befaßt sich mit der Ermittlung der tribologischen Belastungen bei der Kaltmassivumformung und deren möglicher Simulation in Schmierstoffprüfversuchen. Ein Vergleich beider Gruppen zeigt Mängel der Modellversuche auf und gibt Anhaltspunkte zu deren Verbesserung. Ein Forderungskatalog verdeutlicht die entsprechenden Maßnahmen.

Auf der Grundlage dieser Anforderungen wurden zwei neuartige Schmierstoffprüfverfahren entwickelt, die eine realitätsnähere Schmierstoffprüfung unter erhöhten tribologischen Belastungen ermöglichen. Anhand von Experimenten mit systematisch aufgebauten Schmierstoffen wird die Leistungsfähigkeit der neuartigen Versuche überprüft, und es werden Anregungen zur weitergehenden Forschung auf dem Gebiet der Schmierstoffprüfung für die Umformtechnik gegeben.

1 Stand der Erkenntnisse

Die Bedeutung des Schmierstoffeinsatzes und damit auch der Schmierstoffprüfung hat in den letzten Jahren unter dem Aspekt der Kosten- und Energieeinsparungen zugenommen. Diese Entwicklung konnte hauptsächlich in der Gleit- und Wälzlagertechnik beobachtet werden. Dagegen bereitet, vor allem in der schmierstoffherstellenden Industrie, die Schmierstoffprüfung und gezielte Produktentwicklung für die Umformtechnik Probleme.

Tribologische Vorgänge, bei denen die Reibpartner nur elastisch verformt werden, lassen sich mit auf dem Markt befindlichen Prüfverfahren ausreichend simulieren. Die wichtigsten Vertreter dieser Gruppe wurden in DIN- und ASTM-Normen erfaßt. Sie werden vom Schmierstoffanwender meist vorgeschrieben. Auf dem Gebiet der Umformtechnik, besonders der Massivumformung, sind umfangreiche, kapitalintensive Grundausrüstungen (Pressen) erforderlich, wodurch eine Schmierstoffprüfung auf Seiten der Schmierstoffhersteller erschwert wird. Der Anwender von Schmierstoffen hat jedoch entsprechende Maschinen zur Verfügung und sollte auf eine Modell-Schmierstoffprüfung nicht verzichten.

Schmierstoffprüfverfahren für die Umformtechnik bauen auf Modell-Umformverfahren auf. Im Sinne einer möglichst übersichtlichen und mit wenig Fehlerquellen behafteten Versuchsdurchführung beschränken sich die Modellversuche auf wenige Verfahren. Die zu untersuchenden Reibzonen sollten auf die Kontaktbereiche des plastisch verformten Werkstoffs mit dem Werkzeug beschränkt bleiben. Diese Bedingung ist im wesentlichen bei den Verfahren Stauchen, Ziehen und Verjüngen erfüllt. Mit Ausnahme des Verjüngens, das bei Proben mit kleinen Abmessungen Probleme aufwirft, bilden diese Verfahren die Basis für Modellversuche zur Schmierstoffprüfung in der Umformtechnik.

Zusätzlich zur Schmierstoffprüfung im Modellversuch besteht die Möglichkeit der empirischen Schmierstoffprüfung am Umformvorgang (hoher Aufwand, Kosten) und der Rückrechnung der Reibzahl aus bekannten Kraftformeln. Die Genauigkeit und Aussagefähigkeit dieser Vorgehensweise ist jedoch gering. Nicht selten kommt der Reibzahl der Charakter eines Korrekturfaktors zu.

1.1 Schmierstoffprüfung in der Umformtechnik

Die wichtigsten Schmierstoffprüfverfahren für die Umformtechnik basieren auf den Umformverfahren Stauchen und Ziehen. Die Reibzonen sind auf definierte Gebiete in der Umformzone begrenzt. Kraftmessungen oder Veränderungen charakteristischer Größen ermöglichen eine Reibzahlermittlung oder zumindest eine qualitative Schmierstoffprüfung.

Eine große Anzahl von Verfahren baut auf dem Stauchversuch mit verschiedenen Probenformen auf, vgl. Bild 2. Die Reibzahlermittlung erfolgt bei diesen Verfahren entweder anhand der gemessenen Kräfte oder aus dem Formänderungsverlauf bzw. der Geometrieänderung der Probe.

Im einfachsten Versuch (Bild 2 A) wird eine kreiszylindrische Probe gestaucht, die Stauchkraft gemessen und mit Hilfe der ideellen Umformkraft die Reibkraft berechnet [12]. Bailey [13] benutzt das Stauchen von Proben unterschiedlicher Schlankheitsgrade indem er auf unendlichen Schlankheitsgrad extrapoliert, den Druck für reibungsfreies Stauchen errechnet und höhere Drücke bei endlichen Schlankheitsgraden der Reibung zuschreibt (Bild 2 B). Bei anderen Verfahren (Bilder 2 C und D) wird direkt die Reibkraft gemessen, während die Probe beim Stauchen verschoben wird [14] oder eine Stauchbahn um ihre Mittelachse rotiert [15]. Beim Stauchen mit Relativbewegung nach Nittel [16], vgl. Bild 2 E, wird eine Probe über einen Keil gleichzeitig gestaucht und parallel zur Werkzeugbahn verschoben. Aus gemessener Normal- und Reibkraft errechnet sich die Reibzahl μ.

Entscheidende Nachteile bei diesen Verfahren sind einerseits die inhomogene Formänderung und, daraus folgend, das Fehlen eines verläßlichen Wertes für die Fließspannung k_f. Andererseits sind sowohl die Spannungs-, als auch die Geschwindigkeitsverteilungen auf der Probenstirnfläche sehr ungleichmäßig. Gerade diese Erscheinung machen sich die Reibzahlermittlungsverfahren zunutze, die die Reibkraft aus dem Formänderungsverlauf beim Stauchen bestimmen. So wird z.B. die Mantelflächenausbauchung [18] oder der Haftzonenradius auf der Stirnfläche [20] als Maß

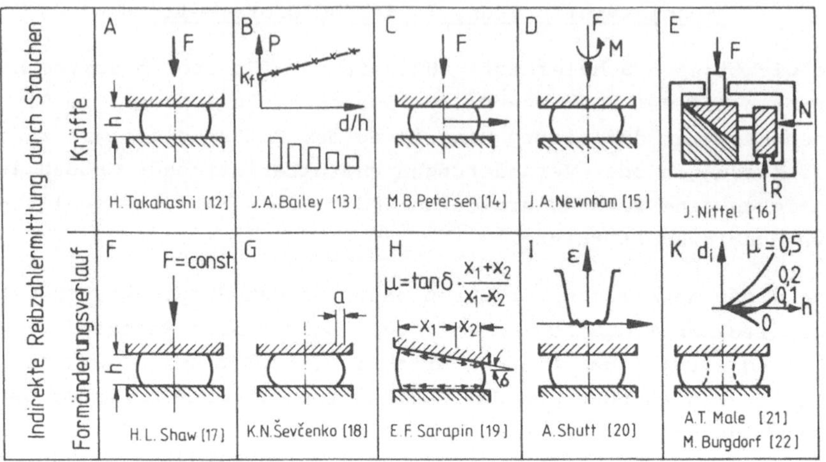

Bild 2: Stauchverfahren zur Schmierstoffprüfung (aus [11]).

für die Reibung angesehen (Bild 2 G und I). Auch beim Ringstauchen nach Male und Cockcroft [21] sowie Burgdorf [22], vgl. Bild 2 K, werden Abmessungsänderungen der Probe auf die Reibung zurückgeführt. Wird eine kreisringförmige Probe zwischen ebenen, parallen Bahnen gestaucht, so stellen sich der Fließscheidenhalbmesser sowie Innen- und Außenradius der Ringprobe entsprechend der Reibzahl ein. Das Ringstauchen hat sich als Verfahren zur Schmierstoffprüfung aufgrund seiner leichten Durchführbarkeit eingeführt und wird oft angewandt [23 bis 27].

Neben diesen Verfahren zur Reibzahlermittlung aus Stauchkraft oder Formänderungsverlauf setzen mehrere Autoren Meßstifte ein, die, unter einem Winkel zur Reibfuge im Werkzeug eingesetzt, Normal- und Schubspannungen erfassen. Auf diese Weise von Nebe [28] und Burgdorf [29] ermittelte Spannungen und Reibzahlen stimmten weitgehend überein. Löwen [30] setzte kombinierte Meßstifte ein, die die gleichzeitige Messung von Normal- und Schubspannungen ermöglichen. Die größte Schwierigkeit und damit gleichermaßen der entscheidende Nachteil der Meßstiftverwendung liegt in deren Einbau begründet [31]: ein fugenloses, reibungsfreies Einpassen der Sensoren in die Werkzeugoberfläche ist nicht möglich. Wird aber ein Ringspalt beibehalten, so ist die Gefahr des Eindringens von Werkstückwerkstoff gegeben [32].

Die große Anzahl der in der Fachliteratur beschriebenen Stauchverfahren zur Reibzahlermittlung zeigt, daß sich der Stauchversuch aufgrund seiner einfachen Durchführbarkeit als Modellversuch besonders zu eignen scheint. Wie aber später dargelegt wird, bestehen hier Probleme der Ergebnisübertragung auf praktische Umformverfahren.

Die zweite große Gruppe der Schmierstoffprüfverfahren für die Umformtechnik baut auf den Prinzipien des Stab- bzw. Streifenziehversuches auf, vgl. Bild 3. Es ist dabei zwischen Verfahren mit geringer plastischer Verformung (entsprechend den Verhältnissen der Blechumformung) und solchen mit stärker plastisch verformten Zonen zu unterscheiden.

Als Modellversuch für das Tiefziehen wurde der Keilzugversuch von Reihle [33] entwickelt und später von Kawai [34] in ähnlicher Weise weitergeführt. Ein Blechstreifen wird zwischen zwei gegeneinander geneigten Werkzeugflächen hindurchgezogen (Bild 3 A). Über zwei Bremsklötze wird die Normalkraft aufgebracht. Die Verhältnisse entsprechen in etwa denen beim Tiefziehen an einem Rondenausschnitt und können nicht auf das Massivumformen übertragen werden. Von Doege und Witthüser [35] wurde ein Streifenziehversuch mit Umlenkung (Bild 3 B) für das Tiefziehen entwickelt, um die Reibungsverhältnisse an der Ziehkantenrundung zu untersuchen. Duncan [36] simuliert in seinem Versuch das Gleiten des Bleches an der Stempelkante (Bild 3 C). Von Wiegand und Kloos [37] stammt ein Gerät, bei dem ein Streifen zwischen zylinderförmigen Werkzeugen hindurchgezogen wird (Bild 3 D). Für verschiedene Schmierstoffe wurde festgestellt, daß die Reibzahl bei mittleren Flächenpressungen ein Minimum aufweist, zu größeren und kleineren Drücken hin jedoch ansteigt. Pawelski [38] entwickelte eine Vorrichtung, bei der ein Streifen zwischen zwei Ziehbacken hindurchgezogen und in seinem Querschnitt verringert wird (Bild 3 E). Aus gemessenen Zieh- und Querkräften ergibt sich die Reibzahl μ. Auf dem gleichen Prinzip baut die Streifenzieheinrichtung von Schlosser [39] auf (Bild 3 F).

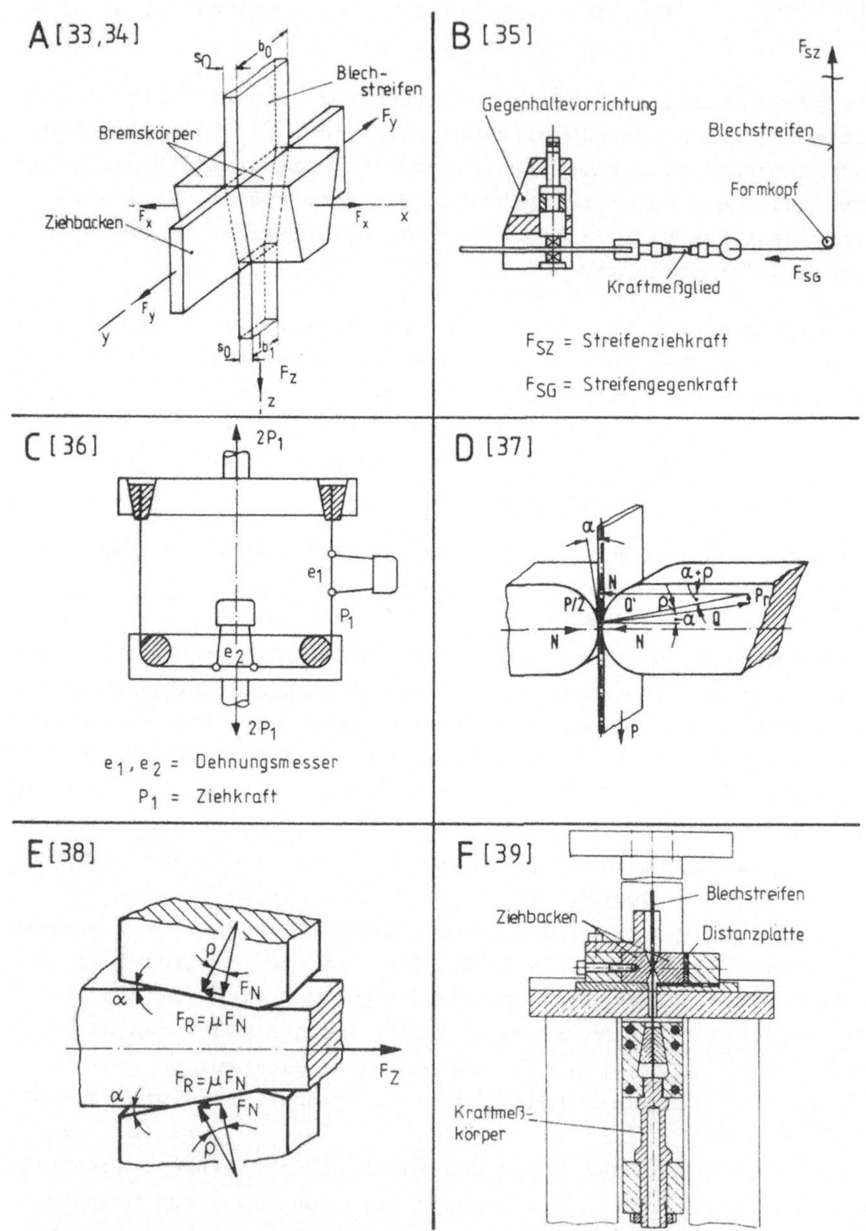

Bild 3: Streifenziehverfahren zur Schmierstoffprüfung.

Er untersuchte den Einfluß verschiedener Werkstoffpaarungen auf die Reibzahl und stellte ebenfalls fest, daß die Reibung bei kleinen und großen Drücken ansteigt.

Ein Vergleich der Streifenziehverfahren untereinander zeigt, daß einige der mit ihnen ermittelten Ergebnisse nicht übereinstimmen, bzw. z.T. sogar gegenläufige Tendenzen zeigen. Die Ursachen hierfür sind in den unterschiedlichen Reib- und Schmierbedingungen zu sehen. Dies macht deutlich, wie wichtig eine möglichst gute Übereinstimmung der tribologischen Verhältnisse in Prüf- und Umformverfahren ist.

Neben den bisher behandelten Stauch- und Ziehverfahren existieren auch Schmierstoffprüfverfahren, die auf anderen Umformverfahren basieren. Die Ergebnisse dieser Prüfverfahren sind aber rein qualitativ, d.h. die Reibzahl wird i.a. nicht bestimmt.

Schmitt [40] führte Reibungsmessungen anhand der elastischen Aufweitung der Preßbüchsen beim Napf-Rückwärts-Fließpressen durch. Er stellte fest, daß die Reibkraft bei diesem Verfahren bis zu 45 % der gesamten Umformkraft betragen kann. Das gleiche Verfahren benutzten Geiger und Stefanakis [41] zur Schmierstoffbeurteilung. Durch stufenweises Pressen ermittelten sie die maximal ohne Riefen an der Innenoberfläche erreichbare Napftiefe und zogen den Quotienten d_i/h_i als schmierstoffklassifizierende Größe heran.

Neben den bisher besprochenen Verfahren werden auch Schmierstoffprüfversuche angewandt, die reine Verschleißkriterien zur Beurteilung heranziehen [42 bis 46]. Es liegen hier meist hohe tribologische Belastungen vor; die Übertragbarkeit der Ergebnisse auf Umformverfahren ist jedoch auch nur bedingt möglich.

Eine vergleichende Analyse der wichtigsten Schmierstoffprüfverfahren zeigt, daß sehr unterschiedliche tribologische Bedingungen bestehen, die in den wenigsten Fällen mit Umformverfahren übereinstimmen. Daher wird im folgenden ein Anforderungskatalog formuliert, der sich an den Gegebenheiten bei realen Verfahren der Umformtechnik orientiert.

1.2 Anforderungen an Schmierstoffprüfverfahren

Schmierstoffprüfverfahren, die auf dem Stauchen basieren, sind mit dem Nachteil ungleichmäßiger Spannungs-, Formänderungs- und Geschwindigkeitsverteilungen behaftet. Im Bereich der Fließscheide tritt die höchste Normalspannung mit Werten eines Mehrfachen der Fließspannung auf [47]. Sie fällt zum Rand hin auf k_f ab. Die Relativgeschwindigkeit nimmt, ausgehend vom Wert 0 in der Haftzone, zum Rand hin zu [29]. Die inhomogene Formänderungsverteilung, obwohl von manchen Autoren [17 bis 22] zur Reibzahlbestimmung benutzt, wirkt sich in den tribologischen Verhältnissen (Haftzone, Mantelflächenausbauchung) negativ aus. Eine verläßliche Angabe der Fließspannung ist nicht möglich.

Die Forderung an neue Schmierstoffprüfverfahren im Bereich des Stauchens lautet, die Verteilungen der tribologischen Beanspruchungsgrößen (Normalspannung, Relativgeschwindigkeit) im Sinne einer besseren Übertragbarkeit gleichmäßiger zu gestalten.

Im Hinblick auf die Umformbedingungen bei der Mehrzahl der Fließpreßverfahren [48] (gebundene Umformung zwischen geneigten Werkzeugflächen) sind die Streifenzug-Schmierstoffprüfverfahren grundsätzlich zur Simulation der tribologischen Beanspruchungen geeignet. Die bei den Umformverfahren auftretenden hohen Belastungen sind jedoch nicht erreichbar, da die Verfahrensgrenze "Reißen des Streifens" schon bei relativ kleinen Umformgraden eintritt. Es können demnach nur geringe Oberflächenvergrößerungen und Flächenpressungen wiedergegeben werden.

Die gemessene Flächenpressung erreicht bei den meisten Streifenziehverfahren ihren Höchstwert für kleine Querschnittsabnahmen [37 bis 39]. Deren Übertragbarkeit auf Umformverfahren ist aber nicht gegeben. Bei sehr geringer Umformung werden die mit Schmierstoff angefüllten Rauheitstäler durch die Werkzeugannäherung geschlossen. Es bauen sich hydrostatische Drücke auf, die die hohen Flächenpressungen simulieren [38]. Nähern sich die Schmierbedingungen bei höheren Umformgraden der Grenzschmierung, so spielt die Druckabhängigkeit des Schmierstoffs keine Rolle mehr. Die Minimalwerte der Reibung im Bereich mittlerer Flächenpressungen sind auf die Ausbildung eines Schmierkeils zu-

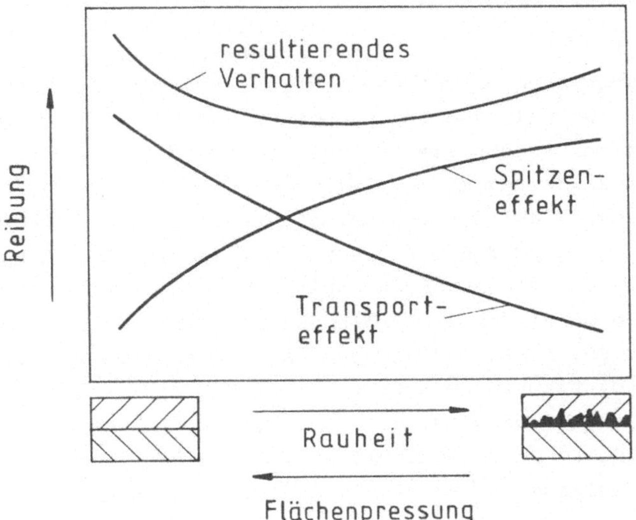

Bild 4: Einfluß der Werkstückrauheit auf die Reibung [51].

rückzuführen [34, 49, 50], der den Schmierstofftransport in die Umformzone begünstigt.

Bild 4 zeigt schematisch die Abhängigkeit der Reibung von der Werkstückrauheit und damit auch von der Flächenpressung. Das Zusammenwirken von Spitzeneffekt (Verformung der Rauheitsspitzen unter Schmierstoffmangel) und Transporteffekt ergibt ein Verhalten, das den Abhängigkeiten der Reibzahl von der Flächenpressung in den Streifenziehversuchen [34, 37, 39] entspricht (vgl. Abschn. 5.2.6.4).

Zusammenfassend lauten die Forderungen an neu zu entwickelnde Schmierstoffprüfverfahren für die Kaltmassivumformung:

- Höhere Flächenpressungen sind durch realitätsnahe Grenzschmierbedingungen zu simulieren.
- Durch größere Umformung müssen höhere Oberflächenvergrößerungen erreicht werden.
- Die Verteilung von Normalspannung und Relativgeschwindigkeit in der Reibfuge beim Stauchen ist möglichst gleichmäßig zu gestalten.

2 Aufgabenstellung

Schmierstoffprüfverfahren für die Kaltmassivumformung dienen dazu, die Kennwerte von Schmierstoffen (z.B. die Reibzahl) unter produktionsähnlichen Bedingungen zu ermitteln. Die Übertragbarkeit der Ergebnisse ist nur gewährleistet, wenn die tribologischen Belastungen im Modellversuch denen im Umformverfahren entsprechen. Bei den Umformverfahren, die den Prüfverfahren zugrunde liegen, sollten insbesondere die Parameter Flächenpressung in der Umformzone, Relativgeschwindigkeit in der Wirkfuge und die Oberflächenvergrößerung des Werkstücks so gewählt werden, daß deren Werte möglichst nahe an die von realen Kaltmassivumformverfahren herankommen. Die Notwendigkeit einer guten Simulation ergibt sich aus der Forderung, Druckbeständigkeit, Scherfestigkeit, Oberflächenhaftung, Trennfähigkeit und andere Schmierstoffeigenschaften praxisnah analysieren zu können.

Aus diesem Grund bestand das Ziel der Arbeit zunächst darin, die tribologischen Bedingungen bei Kaltmassivumformverfahren zu analysieren und darauf aufbauend einen Anforderungskatalog an Schmierstoffprüfverfahren zu formulieren. Eine Untersuchung der tribologischen Belastungsgrößen bei den Schmierstoffprüfverfahren soll deren Leistungsfähigkeit ermitteln. Ein Vergleich der Anforderungen der Umformverfahren mit den Leistungen der Schmierstoffprüfverfahren soll eine Zuordnung der Modellversuche ermöglichen.

Eine Analyse der Schwachstellen der Prüfverfahren soll aufzeigen, wo Veränderungen im Hinblick auf eine bessere Simulation der Belastungen vorgenommen werden können.

Aufgrund der so gewonnenen Ergebnisse waren neue Schmierstoffprüfverfahren zu entwickeln bzw. bekannte Modellversuche auszubauen. Im Vordergrund bei deren Entwicklung steht die Forderung, höhere Werte für Flächenpressung, Relativgeschwindigkeit und Oberflächenvergrößerung zu erzielen und somit eine bessere Übertragbarkeit der Ergebnisse zu erreichen.

Mit den vorgeschlagenen Versuchen sollten systematische Schmierstoffuntersuchungen durchgeführt werden, die eine Beurteilung der Einflüsse wichtiger Schmierstoffeigenschaften zulassen.

Es werden Aussagen angestrebt über:

- Einflüsse der Viskosität auf die Reibung und Oberflächenausbildung,
- Einflüsse der Additivierung auf Reibung, Verschleißverhalten und Oberflächenausbildung.

Die Untersuchungsergebnisse sollen Empfehlungen für den Schmierstoffeinsatz in der Praxis ermöglichen.

3 Tribologische Verhältnisse bei den Verfahren der Kaltmassivumformung und Schmierstoffprüfung

Die wichtigsten Faktoren, welche die tribologischen Verhältnisse in der Umformzone beeinflussen, sind die Flächenpressung, die Relativgeschwindigkeit und die Oberflächenvergrößerung. Anhand der elementaren Plastizitätstheorie [47] wurden die maximal auftretenden Werte der drei Einflußgrößen bei folgenden sechs Umformverfahren ermittelt: Verjüngen, Abstreckgleitziehen, Stauchen, Voll-Vorwärts-Fließpressen (VVFP), Hohl-Vorwärts-Fließpressen (HVFP) und Napf-Rückwärts-Fließpressen (NRFP). Als Modellwerkstoff für die Berechnungen wurde der Einsatzstahl Ck 15 mit folgenden Kennwerten eingesetzt:

$$R_m = 420 \text{ N/mm}^2$$

$$k_{f0} = 320 \text{ N/mm}^2$$

Die entsprechende Fließkurve wurde im Stauchversuch aufgenommen und wird beschrieben durch:

$$k_f(\varphi) = 724 \cdot \varphi^{0,22} \text{ N/mm}^2$$

$$k_{fm} = (k_{f0} + k_{f1}) / 2$$

Zur besseren Vergleichbarkeit wurden die Maximalwerte auf folgende Größen bezogen: k_{fm} des Werkstückwerkstoffes, v_0 - Geschwindigkeit des formgebenden Werkzeugs und A_0 - Ausgangsoberfläche des Rohteils (in einer früheren Untersuchung [55] wurden die Bezugsgrößen k_{f0} (Berücksichtigung des Verfestigungsverhaltens nicht möglich) und v_{Wz} (Geschwindigkeit des bewegten Werkzeugteils) zugrundegelegt. Beide sind für die Charakterisierung der tribologischen Verhältnisse wenig geeignet.).

Tabelle 1 zeigt die berechneten Maximalwerte bei den genannten Umformverfahren.

Beim Verjüngen ergeben sich ausgehend vom Umformgrad φ_{max} =0,25 sehr geringe Werte. An den Schmierstoff sind keine besonderen Anforderungen zu stellen. Eine geringe Reibzahl wirkt sich günstig auf die Verfahrensgrenzen aus [56].

Auch beim Abstreckgleitziehen ist der Umformgrad begrenzt (φ_{max}= 0,3), so daß der Schmierstoff für den einzelnen Vorgang nicht stark beansprucht wird. Das Verfahren wird allerdings

Tabelle 1: Maximalwerte der tribologischen Beanspruchungsgrößen bei verschiedenen Kaltmassivumformverfahren.

	Verjüngen 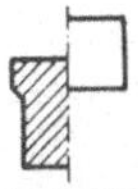	 Abstreck-gleitziehen	Stauchen 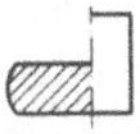	HVFP 	VVFP 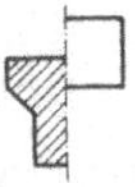	NRFP 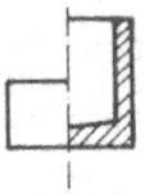
$\bar{p}_{max}/k_{fm}$	1,4	1,6	3,4	3,2	3,8	5,2
v_{rel}/v_0	1,5	2,3	2,4	5	5,7	6,3
A_1/A_0	1,2	2,2	4,5	4	2	11

häufig in Mehrfachzügen ohne Zwischenschmierung angewandt, weshalb der Schmierstoff eine sehr gute Trennfähigkeit und Haftung auf der Oberfläche aufweisen muß.
Beim Stauchen tritt die höchste Normalspannung in Probenmitte auf, wo im Bereich der Haftzone die Relativgeschwindigkeit gleich 0 ist. Die Geschwindigkeit erreicht ihren Maximalwert am Probenrand. Der Schmierstoff muß daher sowohl druckfest sein, als auch eine gute Scherstabilität aufweisen. Eine geringe Reibung begünstigt den radialen Werkstofffluß und beugt dem Umlegen der Mantelflächen vor.
Bei den eigentlichen Fließpreßverfahren liegen die tribologischen Belastungen erheblich höher. Beim Hohl- und Voll-Vorwärts-Fließpressen werden Umformgrade bis φ_{max}=1,4 erreicht. Diese haben hohe Flächenpressungen, Relativgeschwindigkeiten und Oberflächenvergrößerungen, besonders der Innenoberfläche beim HVFP, zur Folge. Vom Schmierstoff muß daher hohe Druckbeständigkeit und gute Haftung sowie Trennfähigkeit gefordert werden.

Extreme Belastungen werden beim Napf-Rückwärts-Fließpressen besonders an der Stempelunterseite beobachtet. Die hohe Relativgeschwindigkeit ergibt sich unter Berücksichtigung der ge-

gegeneinandergleitenden Reibpartner Stempelunterkante (Fließbund) und Napfwand. Die Stirnfläche des Rohteils geht in die Napfinnenfläche über; die Oberflächenvergrößerung kann örtlich noch sehr viel höhere Werte annehmen. Der Schmierstoff muß höchste Druckfestigkeit, Trennfähigkeit und Haftung besitzen. Auf eine Schmierstoffträgerschicht kann hier i.allg. nicht verzichtet werden. Werden jedoch die Rohteile vom phosphatierten und evtl. beseiften Drahtbund unmittelbar vor der Umformung abgeschert, so wird der Einsatz von Schmierstoffen mit EP - Additiven bedeutsam. Die blanke Stirnfläche des Rohteils muß vor dem Eintauchen des Stempels mit einem geeigneten Schmierstoff versehen werden, da hier die höchsten Belastungen auftreten.

Eine Analyse der tribologischen Verhältnisse bei Schmierstoffprüfverfahren soll zeigen, inwieweit sie die Reibverhältnisse bei der Umformung nachvollziehen können. Die der Fachliteratur entnommenen Maximalwerte sind in Tabelle 2 zusammengefaßt.

Das Ringstauchen [21, 22] ist das am weitesten verbreitete Schmierstoffprüfverfahren für die Massivumformtechnik.

Tabelle 2: Maximalwerte der tribologischen Beanspruchungsgrößen bei verschiedenen Schmierstoffprüfverfahren.

	Ringst. (Burgdorf) (eig. Versuche) 	Stauchen (Nittel) 	Stabzug (Pawelski) 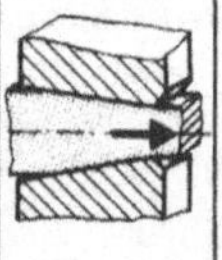	Streifenzug (Schlosser) (eig. Versuche) 	Streifenz. (Wiegand) 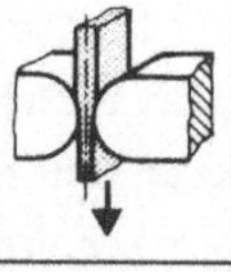	Streifenz. (Kawai) 
$\bar{p}_{max}/k_{fm}$	1,7	1,9	1,9	1,8	1,6	1,6
v_{rel}/v_0	2	2	1,5	2	—	1,5
A_1/A_0	1,8	2,4	1,5	2,0	—	1,5

Ein ringförmiger Körper festgelegter Ausgangsabmessungen wird gestaucht, wobei sich die Geometrie in Abhängigkeit von der Reibung ändert. Aus dem Ansatz eines Geschwindigkeitsfeldes wurde ein Nomogramm berechnet, aus dem sich nach Messung des Innendurchmessers und der Höhe der gestauchten Probe die Reibzahl ablesen läßt. Die erreichbaren tribologischen Maximalwerte sind relativ niedrig (vgl. Tabelle 2). Entscheidender Nachteil bei diesem Verfahren ist jedoch die ungleichmäßige Verteilung von Normalspannung und Relativgeschwindigkeit in der Wirkfuge. Die Reibverhältnisse sind nicht mit denen beim Fließpressen zu vergleichen.
Das gleiche gilt für des Stauchen mit Relativbewegung [16]. Die ellipsenförmig ausgebildete Stirnfläche der gestauchten Probe macht eine Beurteilung der Reibbedingungen schwierig.

Der Vorteil der beiden genannten Stauchverfahren ist die einfache Durchführbarkeit, so daß mit geringem Aufwand eine qualitative Schmierstoffvorauswahl vorgenommen werden kann. Geeignet sind diese Verfahren am besten für das Schmieden, wo etwa verwandte Reibbedingungen vorliegen.

Das Prinzip der Streifenziehverfahren beruht auf der plastischen Verformung eines Blechstreifens zwischen zwei formgebenden Werkzeugen (Ziehbacken). Der Kraftangriff erfolgt am umgeformten Streifenteil. Nach Messung der Ziehkraft und der auf die Werkzeuge wirkenden Querkraft ist, unter Einbeziehung des Ziehbackenöffnungswinkels, die Berechnung von Reibzahl und Flächenpressung möglich. Der erreichbare Umformgrad ist, je nach verwendetem Werkstückwerkstoff, auf maximal φ=0,58 beschränkt, so daß die Oberflächenvergrößerung nur geringe Werte annimmt (vgl. Tabelle 2). Bei Wiegand [37] ist der Umformgrad nicht bekannt. Die Flächenpressung erreicht jeweils bei sehr kleinen Umformgraden ihr Maximum (vgl. Abschn. 1.2, Bild 4).
Die Werte in Tabelle 2 gelten für φ=0,1, einen Umformgrad, bei dem gerade kein Aufstauchen des Streifens mehr vor dem Werkzeugeinlauf erfolgt. Grenzschmierbedingungen, vergleichbar mit den Verhältnissen beim Fließpressen, treten allerdings erst bei höheren Umformgraden auf. Die Normaldrücke sind dann nur geringfügig höher als die mittlere Fließspannung.

Die Streifenziehverfahren sind also nur bedingt zur Untersuchung des Einflusses der Normalspannung auf die Reibzahl geeignet. Dagegen lassen sich mit ihnen Analysen der Auswirkungen der Relativgeschwindigkeit gut durchführen, sofern die Maschine (Presse, Ziehbank, Zugprüfmaschine) entsprechende Variationsmöglichkeiten zuläßt.

Aus den ermittelten maximalen tribologischen Belastungen bei Kaltmassivumformverfahren und Schmierstoffprüfversuchen wird deutlich, daß die geforderten Werte von den Prüfverfahren in den meisten Fällen nicht nachgebildet werden.
Eine Gegenüberstellung der einzelnen Einflußgrößen beim Umformen und im Modellversuch ermöglicht eine Analyse der Schwachstellen.

Bild 5 zeigt die Werte der Flächenpressung bei beiden Gruppen. Es wird deutlich, daß nur die Verhältnisse beim Verjüngen und Abstreckgleitziehen simuliert werden. Die bei den Fließpreßver-

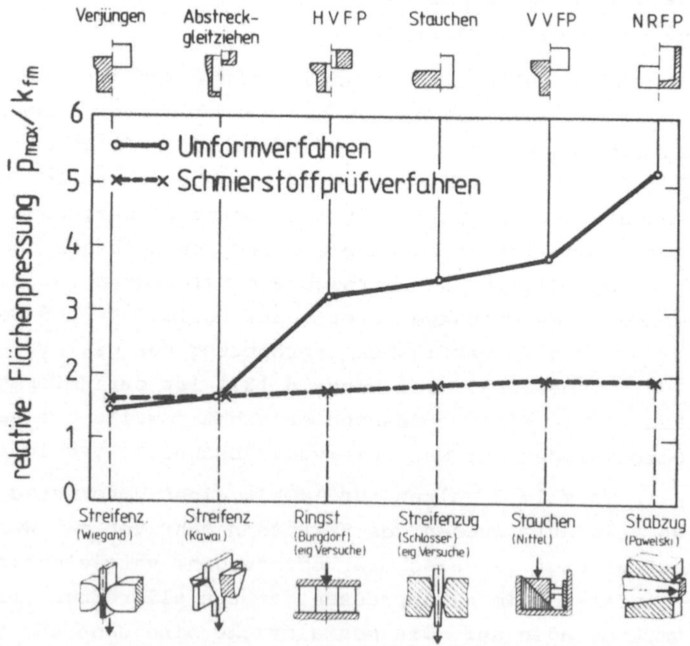

Bild 5: Vergleich der maximalen, relativen Flächenpressung.

fahren erzeugten Flächenpressungen sind nicht nachvollziehbar, so daß bei der Entwicklung neuer Verfahren besonderes Augenmerk auf erhöhten Flächendruck gelegt werden muß.

Die Relativgeschwindigkeit hat bei der Auswahl eines bestimmten Ziehverfahrens keinen Einfluß, da sich über eine Variation der Ziehgeschwindigkeit die gewünschten Werte einstellen lassen.

Die Stauchverfahren weisen ungleichmäßige Geschwindigkeitsverteilungen auf und sind daher in der herkömmlichen Form zur Erzielung übertragbarer Ergebnisse nicht geeignet. Eine Beeinflussung des Werkstoffflusses und der Lage der Fließscheide kann als Möglichkeit zur Gestaltung regelmäßiger Geschwindigkeitsverhältnisse angesehen werden.

Der Vergleich der höchsten Werte für die Oberflächenvergrößerung in Bild 6 zeigt, daß auch hier große Unterschiede zwischen Umform- und Schmierstoffprüfverfahren bestehen. Die einzige Möglichkeit zum Erzielen höherer A_1/A_0 - Verhältnisse ist ein Anheben des Umformgrades.

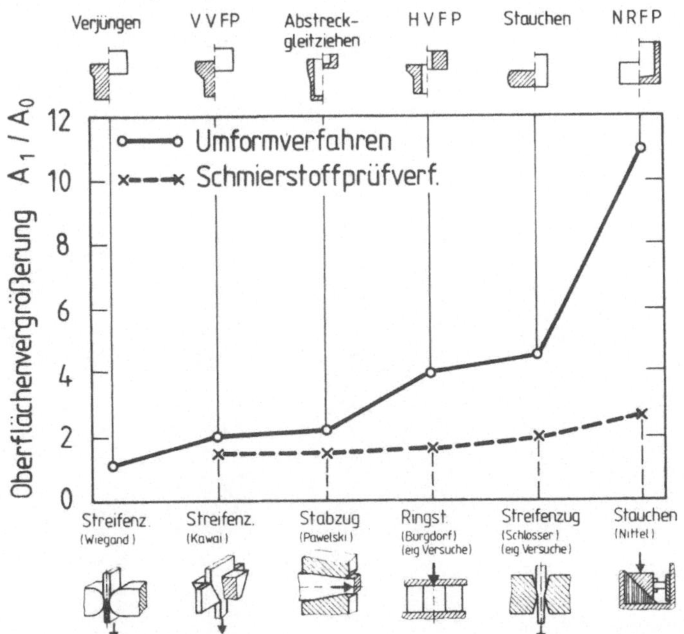

Bild 6: Vergleich der maximalen Oberflächenvergrößerung.

Bei der Entwicklung neuer Schmierstoffprüfverfahren sind also folgende Ziele zu verfolgen:

- Erhöhung der Flächenpressung in der Umformzone,
- Erhöhung des Umformgrades,
- Gleichmäßige Gestaltung der Geschwindigkeitsverhältnisse in der Wirkfuge.

Als Ausgangsbasis zur Entwicklung neuer Schmierstoffprüfverfahren sollten Umformverfahren ausgewählt werden, deren Umform- und Reibbedingungen Analogien zu Kaltmassivumformverfahren aufweisen. Dabei sollen die Reibbereiche auf die Umformzone beschränkt bleiben, so daß zusätzliche Fehlerquellen wie z.B. durch Aufnehmerreibung vermieden werden.

Eine den Vorwärts-Fließpreßverfahren geometrisch ähnliche Umformzone besteht beim Ziehen und Verjüngen. Die Reibbereiche sind bei beiden Verfahren auf die Umformzone begrenzt, so daß sie sich grundsätzlich zur Schmierstoffprüfung anbieten. Sie lassen sich aber nur bis zu einem Umformgrad durchführen, der durch die Verfahrensgrenzen vorgegeben ist: beim Ziehen beträgt $\varphi_{max} \simeq 0{,}6$ (Verfahrensgrenze "Reißen") und beim Verjüngen etwa 0,4 (Verfahrensgrenze "Aufstauchen" oder "Ausknicken").

Der Grundgedanke eines neuen Schmierstoffprüfverfahrens bestand darin, die beiden Verfahrensprinzipien Verjüngen und Ziehen gleichzeitig anzuwenden und so eine Addition der Einzelumformgrade anzustreben. Damit sollte sich auch die Flächenpressung erhöhen lassen.

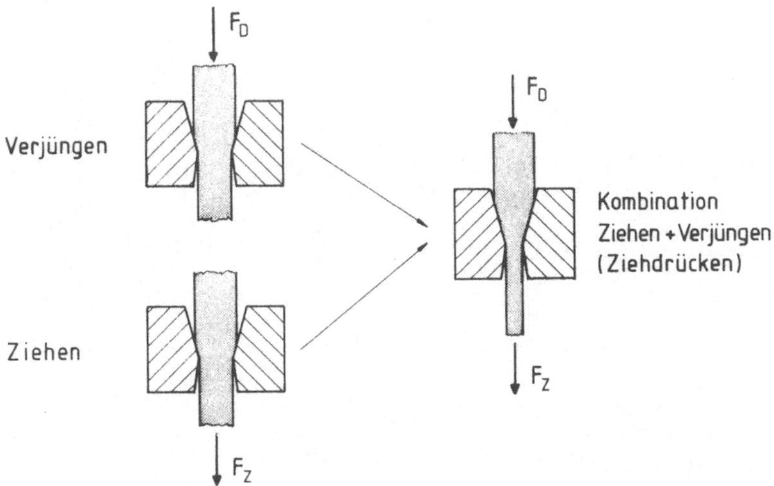

Bild 7: Entstehung der Verfahrenskombination "Ziehdrücken".

Bild 7 zeigt schematisch die Entstehung des kombinierten Verjüngens und Ziehens - im folgenden kurz "Ziehdrücken" genannt - aus beiden Einzelverfahren. Aus dem Kräftegleichgewicht in der Umformzone sollen Reibzahl- und Flächenpressungsberechnung möglich sein. Theorie, Entwicklung und Versuchsergebnisse des auf dieser Grundlage entwickelten Prüfverfahrens werden in Kap. 5 und Kap. 8 behandelt.

Eine Möglichkeit zur gleichmäßigen Gestaltung der Geschwindigkeitsverhältnisse in der Wirkfuge beim Stauchen wurde von El-Magd [57] vorgeschlagen. Wird ein Probekörper zwischen zur Stauchrichtung geneigten Stempelflächen verformt, so ergibt sich aufgrund der überlagerten Schubspannung eine Verschiebung des neutralen Punktes. Bild 8 zeigt den Verlauf der Relativgeschwindigkeit mit zunehmendem Stauchbahnneigungswinkel. Es ist demnach möglich, gleichmäßige Geschwindigkeitsverhältnisse in der Reibfuge zu erhalten.

Die Theorie dieses Verfahrens und die experimentelle Durchführung einer Schmierstoffprüfung durch Schrägstauchen werden in Kap. 6 und Kap. 8 behandelt.

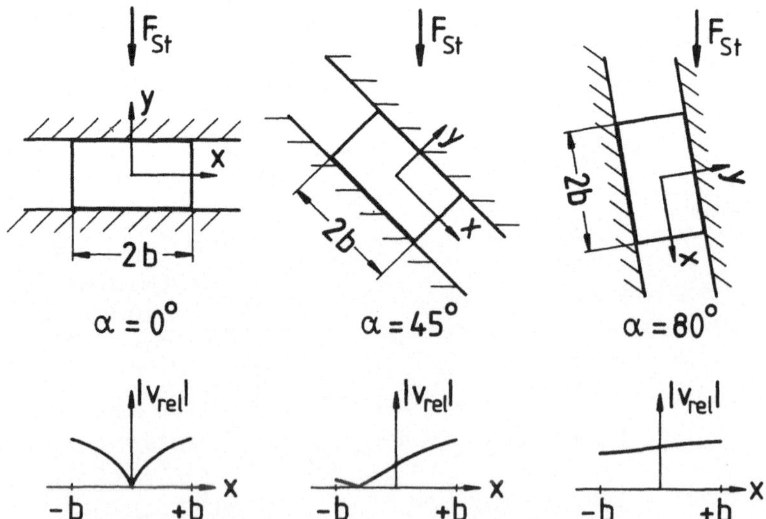

Bild 8: Verlauf der Relativgeschwindigkeit in der Wirkfuge beim Stauchen mit verschiedenen Neigungswinkeln.

5 Schmierstoffprüfung durch gleichzeitiges Verjüngen und Ziehen eines Streifens (Ziehdrücken)

Bei der Verfahrenskombination Ziehdrücken wird eine streifenförmige Probe durch zwei Ziehbacken, die einen Öffnungswinkel 2α zueinander bilden, hindurchgezogen und zugleich hindurchgedrückt. Der Streifen wird dabei plastisch verformt, nimmt also dabei in seiner Dicke ab. Durch gleichzeitiges Aufbringen einer Zieh- und einer Drückkraft werden die verfahrensbegrenzenden Versagenskriterien zu höheren Umformgraden hin verschoben.
Die Druckkraft "entlastet" den gezogenen Querschnitt, der dann mit einer geringeren Ziehkraft beaufschlagt werden kann.
Die Ziehkraft ermöglicht eine Verringerung der Druckbelastung auf dem noch nicht umgeformten Streifenteil.
Bei günstiger Wahl der Belastungen auf der Zug- und Druckseite des Werkstücks bis knapp unterhalb der jeweils zulässigen Zieh- bzw. Drückkraft ist theoretisch eine Addition der Einzelumformgrade der Verfahren möglich. Durch den derart gesteigerten Umformgrad ergibt sich eine Erhöhung von Oberflächenvergrößerung und Flächenpressung. Die Ermittlung von Reibzahl und Flächenpressung wird durch Messungen der Zieh- und Drückkraft sowie der auf die Werkzeuge wirkenden Querkraft erreicht. Entsprechende mathematische Beziehungen werden hergeleitet.

Auf der Grundlage der berechneten Maximalbelastungen wurde eine Versuchsvorrichtung konstruiert. Die Erprobung dieser Ziehdrückeinrichtung zur Reibzahlermittlung erfolgte durch Prüfen von Schmierstoffen speziell aufgebauter Zusammensetzung. Es können die Einflüsse von Viskosität und Additivierung auf die Reibung und die Oberflächenausbildung des Werkstücks sowie auf adhäsiven Werkstoffübertrag am Werkzeug festgestellt werden.

5.1 Theoretische Betrachtungen

Voraussetzung für einen sinnvollen Einsatz der Verfahrenskombination Ziehdrücken zur Schmierstoffprüfung ist zunächst eine Analyse der Spannungsverhältnisse in der Umformzone sowie des

Kräftegleichgewichts in der Reibfuge. Die theoretische Betrachtung soll die mathematischen Beziehungen zur Reibzahlermittlung herleiten sowie Daten zur konstruktiven Auslegung einer Versuchseinrichtung liefern.

5.1.1 Spannungszustand und Kräftegleichgewicht in der Umformzone

Bei der Herleitung des Spannungszustandes beim Ziehdrücken wird davon ausgegangen, daß sich die Spannungsverläufe der einzelnen Verfahren Verjüngen und Ziehen [48] ungestört überlagern. Bild 9 zeigt den so entstehenden zusammengesetzten Verlauf der Axial- und Horizontalspannungen.

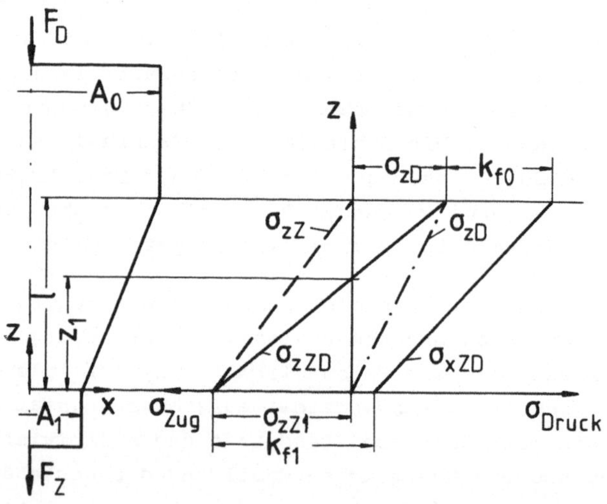

Bild 9: Spannungszustand beim Verjüngen, Ziehen u. Ziehdrücken

Die Axialspannung σ_{zD} beim Verjüngen fällt, ausgehend von der zulässigen Druckspannung $\sigma_{zDO} = F_Z/A_O$ am Ausgangsquerschnitt, zum Werkzeugauslauf hin auf Null ab. Die entsprechende Horizontalspannung verläuft, um k_f versetzt, im Druckgebiet.
Beim reinen Ziehen ergibt sich ein Axialspannungsverlauf, der in Bild 9 mit σ_{zZ} gekennzeichnet ist. Ausgehend von Null im

Ausgangsquerschnitt steigt σ_{zZ} zum Auslauf hin bis auf die maximal übertragbare Ziehspannung σ_{zZ1}

$$\sigma_{zZ1} = F_Z / A_1 < R_{m1}$$

an, die sich an der Zugfestigkeit R_{m1} des verfestigten Werkstücks orientieren muß.

Eine Überlagerung der Axialspannungen aus Druck- und Zugspannungszustand ergibt einen Verlauf, der als σ_{zZD} angegeben ist. Ausgehend von der maximalen Druckspannung σ_{zDO} nimmt die Axialspannung σ_{zZD} ab, überschreitet nach dem Weg $(l - z_1)$ die z - Achse (nimmt hier also den Wert Null an) und verläuft weiter im Zuggebiet bis zur höchsten Zugspannung σ_{zZ1}. Nach der TRESCA'schen Fließbedingung verläuft die Horizontalspannung σ_{xZD} zu σ_{zZD} um k_f ins Druckgebiet verlagert:

$$\sigma_{zZD} - \sigma_{xZD} = k_f$$

Die Umformzone kann nun in zwei Bereiche aufgeteilt werden. Oberhalb $(l - z_1)$ liegt eine Druckspannung vor, d.h. bis dorthin wird das Werkstück verjüngt. Im Gebiet positiver Axialspannung, von $(l - z_1)$ bis O, bildet sich der Spannungszustand wie beim Ziehen aus. Aufgrund dieser Bereichseinteilung kann die Ermittlung der theoretisch zulässigen Druck- und Zugkräfte sowie des erreichbaren Umformgrades erfolgen.

Im Druckgebiet ist die zulässige Kraft wegen der Gefahr des Aufstauchens beschränkt:

$$F_{Dzul} = k_{fO} \cdot A_O = F_{id} + \frac{1}{2} F_{Sch} + F_R \quad (1)$$

$$F_{Dzul} = A_O \cdot k_{fm} \cdot \varphi_D + \frac{1}{3} \hat{\alpha} \cdot k_{fO} \cdot A_O + \frac{2 \cdot k_{fm} \cdot \varphi_D \cdot A_O \cdot \mu}{\sin 2\alpha} \quad (2)$$

Im Zugbereich ist die Zugfestigkeit des verformten Werkstücks R_{m1} als Grenze anzusehen:

$$F_{Zzul} = R_{m1} \cdot A_1 = F_{id} + \frac{1}{2} F_{Sch} + F_R \quad (3)$$

$$F_{Zzul} = A_O \cdot e^{-\varphi} \cdot k_{fm} \cdot \varphi_Z + \frac{1}{3} \hat{\alpha} \cdot k_{f1} \cdot A_1 + \frac{2 \cdot k_{fm} \cdot \varphi_Z \cdot A_1 \cdot \mu}{\sin 2\alpha} \quad (4)$$

Bei der Aufstellung der Gleichungen (1) bis (4), die von den Ansätzen von SIEBEL [47, 58] ausgehen, wurde berücksichtigt, daß die für die Umformung zu verrichtende Schiebungsarbeit nur einmal anfällt. Die entsprechende Schiebungskraft F_{Sch} wurde zu gleichen Teilen auf Zug- und Druckbereich verteilt.

Zur Berechnung der möglichen Einzelumformgrade φ_D und φ_Z sowie des Gesamtumformgrades φ_{ges}

$$\varphi_{ges} = \varphi_D + \varphi_Z \tag{5}$$

wurde die Fließkurve des verwendeten Versuchswerkstoffes St 37 - 2 (vgl. Bild 16) zugrundegelegt. Es handelt sich hierbei um stark vorverfestigten Werkstoff mit nahezu konstantem Verlauf von k_f zwischen φ=0,1 und φ=0,6, sodaß auf eine analytische Darstellung der Abhängigkeit $k_f = f(\varphi)$ verzichtet wurde. Es wurden folgende Kennwerte festgelegt:

$$k_{f0} = 580 \text{ N / mm}^2$$

$$k_{f1} = 680 \text{ N / mm}^2$$

$$k_{fm} = \frac{1}{2} (k_{f0} + k_{f1})$$

Zur Bestimmung des möglichen Druck - Umformgrades φ_D wird Gl. (2) entsprechend umgeformt:

$$\varphi_D = \frac{k_{f0} \left(1 - \frac{1}{3} \hat{\alpha} \right)}{k_{fm} \left(1 + \frac{2 \mu}{\sin 2\alpha} \right)} \tag{6}$$

Entsprechend ergibt sich auf der Zugseite aus Gl. (4) mit

$A_0 = A_1 \cdot e^{\varphi}$:

$$\varphi_Z = \frac{\left(\sigma_{B1} - \frac{1}{3} \hat{\alpha}\, k_{f1} \right)}{k_{fm} \left(e^{\varphi_{ges}} . e^{-\varphi_D} + \frac{2 \cdot \mu}{\sin 2\alpha} \right)} \tag{7}$$

Mit den o.g. Werkstoffdaten, einem Neigungswinkel von $\alpha = 15^\circ$ und einer angenommenen Reibzahl von μ=0,15 ergibt sich nach Gl. (6) der Druck - Umformgrad φ_D zu:

$$\varphi_D = 0{,}52$$

Mit diesem Wert, einer gemessenen Zugfestigkeit R_{m1} = 800 N/mm² sowie aus den Gln. (5) und (7) ergeben sich φ_Z und φ_{ges} zu:

$$\varphi_Z = 0{,}52$$

$$\varphi_{ges} = 1{,}04$$

Diese Rechnung nach der elementaren Plastizitätstheorie liefert einen Umformgrad, der das Doppelte der beiden Einzelumformgrade darstellt.

Die Werkstückabmessungen richten sich nach den maximal ertragbaren Belastungen auf der Druckseite des Streifens. Die Verfahrensgrenzen werden durch Aufstauchen und Ausknicken bestimmt. Für den Fall des Aufstauchens gilt Gl. (1), bei der Grenze des Ausknickens wird der ungünstigste "Euler'sche Knickfall I" angenommen [58]:

$$F_{Kzul} = \frac{\pi^2 \cdot E \cdot J}{4 \cdot l^2} = \frac{\pi^2 \cdot E \cdot b \cdot s^3}{48 \cdot l^2} \qquad (8)$$

Durch Gleichsetzen der Gln. (1) und (8) ergibt sich der Ausgangsstreifenquerschnitt A_O, der hinsichtlich beider Verfahrensgrenzen die günstigste Kraftübertragung ermöglicht. Für eine Streifenbreite b > s (hier: b=50mm) wird die Dicke s:

$$s = \sqrt{k_{fO} / E} \cdot 2{,}2 \cdot l \qquad (9)$$

Mit einer Knicklänge l = 65 mm berechnet sich s_{min} zu:

$$s_{min} = 7{,}5 \text{ mm}$$

Gewählt wurde demnach eine Streifendicke s_O = 8 mm. Der Ausgangsquerschnitt wird $A_O = 50 \times 8$ mm².

Mit diesen Werten lassen sich nach Gln. (1) und (3) bei einem φ_{ges}=1,04 die maximal zu erwartenden Umformkräfte berechnen:

$$F_{Dmax} = 232 \text{ kN}$$

$$F_{Zmax} = 113 \text{ kN}$$

Zur Durchführung von Versuchen mit einer Ziehdrückeinrichtung ist demnach eine Presse mit einer Gesamtkraft von 360 kN ausreichend. Wie später gezeigt wird, ist allerdings ein relativ großer Arbeitsraum erforderlich.

Die Berechnung der Reibzahl und der mittleren Flächenpressung an den Werkzeugschultern geht vom Kräftegleichgewicht in der Wirkfuge zwischen Werkstück und Werkzeug aus. Ähnliche mathematische Beziehungen liegen auch den einfachen Streifenziehverfahren [37, 38, 39] zugrunde.

Die Umformzone mit den dort auftretenden Kräften läßt sich wie in Bild 10 gezeigt darstellen.

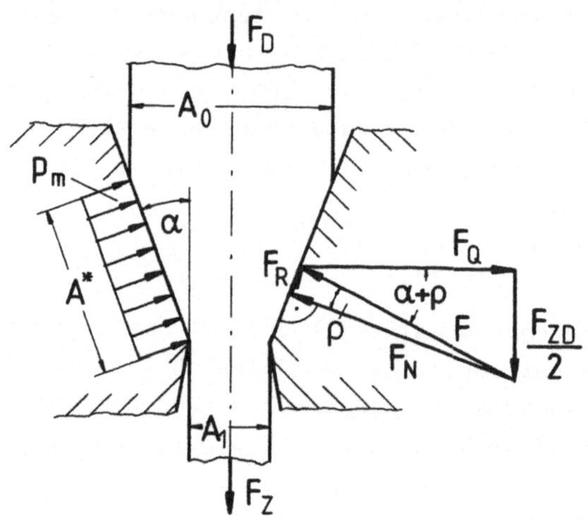

Bild 10: Kräftegleichgewicht in der Umformzone.

Mögliche Meßgrößen beim Ziehdrücken sind die Querkraft F_Q, die Drückkraft F_D, die Ziehkraft F_Z sowie durch Addition von F_D und F_Z die Ziehdrückkraft F_{ZD}.

Die Normalkraft F_N steht senkrecht zur Werkzeugfläche und dient der Berechnung der mittleren Flächenpressung p_m:

$$p_m = F_N \, / \, A^* \quad ; \text{ darin ist} \tag{10}$$

$$A^* = \frac{A_0 - A_1}{2 \cdot \sin \alpha} \tag{11}$$

Aus dem Kräftegleichgewicht der Quer- und Ziehdrückkraftkomponenten

$$F_Q = \frac{F_{ZD}}{2 \cdot \tan(\alpha + \rho)} \tag{12}$$

ergibt sich unter Zuhilfenahme der Beziehung

$$\mu = \tan \rho \tag{13}$$

die Reibzahl in der Wirkfuge folgendermaßen:

$$\mu = \frac{(F_{ZD} \;/\; 2 \cdot F_Q) - \tan \alpha}{1 + (F_{ZD} \;/\; 2 \cdot F_Q) \tan \alpha} \tag{14}$$

Ebenfalls aus dem Kräftegleichgewicht erhält man die Beziehung

$$F_Q = F_N \cdot \sin \alpha \cdot (\cot \alpha - \mu) \tag{15}$$

für die Querkraft. Durch Gleichsetzen der Gln. (15) und (12) erhält man die Normalkraft F_N sowie damit aus Gl. (10) unter Benutzung der Gln. (11), (13) und (14) die mittlere Flächenpressung p_m:

$$p_m = \frac{2 \cdot F_Q \cdot \sin \alpha \cdot \cos \alpha + F_{ZD} \cdot \sin^2 \alpha}{(A_0 - A_1)} \tag{16}$$

Zur Berechnung von Reibzahl und Flächenpressung ist außer der Messung von F_Q und F_{ZD} sowie A_0 und A_1 eine möglichst genaue Kenntnis der Werkzeuggeometrie notwendig. Insbesondere ist der durch einen Radius (r = 2 mm) gekennzeichnete Übergang vom Einlauf- zum Auslaufwinkel zu beachten. Im vorliegenden Fall wurde dieser Bereich dadurch berücksichtigt, daß der Kreisbogen durch zwei Geraden unter den Winkeln 3,75° und 11,25° angenähert wurde. Der Werkzeugöffnungswinkel α beträgt 15°, der Auslaufwinkel 7,5°. Für die drei Bereiche α = 3,75°, 11,25° und 15° wurden getrennt nach Gln. (14) und (16) Reibzahl und Flächenpressung mit Hilfe eines hier nicht näher beschriebenen Taschenrechnerprogramms berechnet. Die mathematisch verfeinerte Beschreibung der Geometrie spielt bei sehr kleinen Umformgraden eine bedeutende Rolle, da der Übergangsbereich wesentlich an der Umformung beteiligt ist.

Bei der konstruktiven Auslegung der Ziehdrückvorrichtung wurde von den berechneten maximalen Zug- und Druckkräften, bzw. deren Summe F_{ZD} = 345 kN ausgegangen. Nach Gl. (12) ergibt sich die zur Dimensionierung der Ziehbackenaufnahme benötigte Querkraft F_Q bei μ = 0,05 zu F_{Qmax} = 535 kN.

5.2 Experimentelle Reibzahlbestimmung

In diesem Teil der Arbeit war zunächst die Konstruktion der Ziehdrückeinrichtung vorgesehen. Den Versuchen mit diesem Werkzeug ging eine Erprobungsphase voran, um Verfahrens- und Einsatzgrenzen festzustellen. Die experimentelle Reibzahlermittlung wurde an speziell zusammengestellten Schmierstoffen bekannter Zusammensetzung, Viskosität und Additivierung durchgeführt. Die Einflüsse der verschiedenen Schmierstoffparameter auf Reibung, Verschleiß und Oberflächenausbildung wurden untersucht.

5.2.1 Versuchsaufbau

Aus den in Abschn. 5.1.1 hergeleiteten mathematischen Beziehungen geht hervor, daß zur Reibzahlermittlung die Kenntnis der während des Vorgangs auftretenden Kräfte notwendig ist. Die entsprechende Vorrichtung muß es daher ermöglichen, Ziehkraft, Drückkraft und Querkraft zu messen. Der Ausgleich der unterschiedlichen Werkstoffgeschwindigkeiten vor und hinter der Umformzone muß durch entsprechende konstruktive Maßnahmen vorgenommen werden.

Für den Einbau der Vorrichtung stand eine hydraulische Presse (Fabrikat: SMG) mit 600 kN Nennkraft zur Verfügung. Die maximale Höhe des Arbeitsraumes von etwa 750 mm gilt als Orientierungswert für die Bauhöhe des Versuchswerkzeuges.

5.2.2 Versuchswerkzeug

Das Versuchswerkzeug dient zum gleichzeitigen Ziehen und Drücken eines Streifens durch eine Werkzeugöffnung hindurch. Die auftretende Querschnittsabnahme des Werkstücks hat zur Folge, daß die Werkstoffgeschwindigkeiten vor und hinter der Umformzone unterschiedlich sind. Der Kraftangriff auf Zug- und Druckseite muß jedoch während des gesamten Umformvorgangs erfolgen, so daß die Zieh- und Drückbewegungen in geeigneter Weise koordiniert werden müssen. In Bild 11 ist das Werkzeug dargestellt.

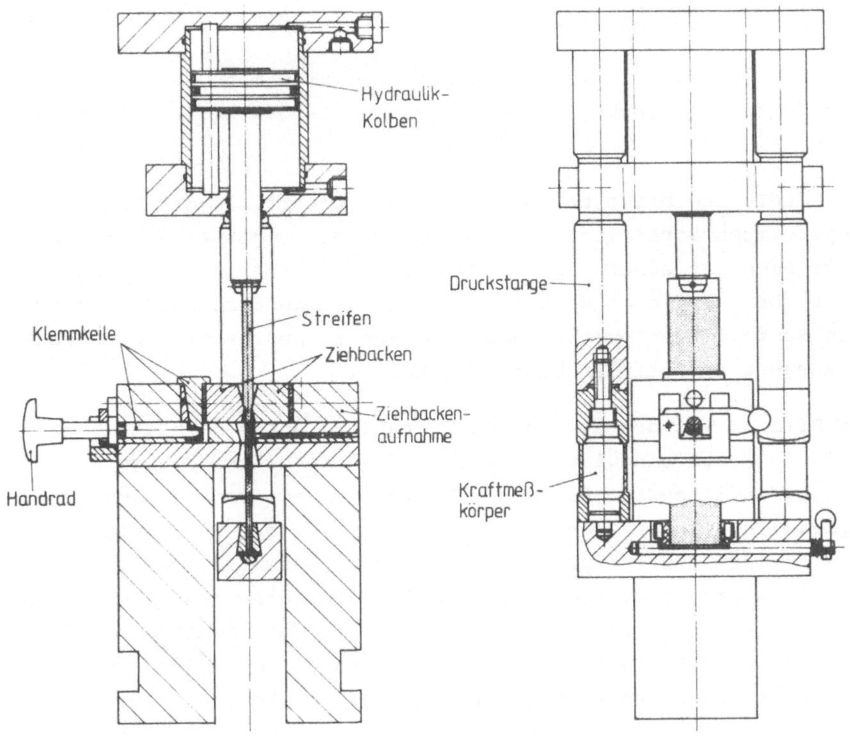

Bild 11: Aufbau des Ziehdrückwerkzeuges.

Für das reine Ziehen des Streifens wurde auf das Prinzip des Streifenzuges nach Schlosser [39] zurückgegriffen. Die Krafteinleitung erfolgt über einen am Pressenstößel befestigten Rahmen, in welchen der Streifen eingesetzt wird. Durch den Stößelniedergang wird der Ziehvorgang eingeleitet. Gegenüber der C-förmigen Rahmenausführung in [39] wurde in diesem Fall aufgrund der höheren Beanspruchung ein geschlossener O-Rahmen eingesetzt, in dem zwei Kraftmeßdosen zur Aufnahme der Ziehkraft integriert sind. Die Klemmung des Streifens erfolgt über zwei geriffelte Keile in der unteren Querverstrebung.

Zum Einsetzen des Streifens zwischen die beiden Ziehbacken wird dieser an einer Stelle in seinem Querschnitt verringert, so daß seine Dicke geringer ist als der von den Werkzeugen gebildete

Spalt (vgl. Abschn. 5.2.5).

Die Seitenholme der Ziehbackenaufnahme sind mit DMS versehen, aus deren elastischer Aufweitung sich die Querkraft berechnen läßt.

Der Stößelweg bei einem Umformvorgang entspricht der Länge des umgeformten Streifenteils. Der noch nicht umgeformte Teil bewegt sich mit einer, um den Faktor $e^{-\varphi}$ kleineren, Geschwindigkeit. Den Ausgleich dieser Geschwindigkeitsdifferenz übernimmt ein Hydrauliksystem, bei dem sich der Kolben während der Druckerzeugung im Zylinder bewegen kann.

In Bild 12 ist der Aufbau des Hydrauliksystems dargestellt. Bild 13 zeigt den Ölstrom während des Ziehdrückvorganges. Das Hydrauliksystem besteht i.W. aus dem zweifach wirkenden Hydraulikzylinder, einem 4/3 - Wegeventil, der Pumpe mit Motor sowie einem einstellbaren Druckbegrenzungsventil. Der Druckaufbau im Hydrauliksystem erfolgt beim Niedergang des Pressenstössels, an welchem der Hydraulikzylinder befestigt ist. Die Kolbenstange trifft auf das Werkstück; das Öl im Zylinder und in den Leitungen wird komprimiert bis das Druckbegrenzungsventil öffnet und den Ölstrom zum Tank freigibt. Das 4/3 - Wegeventil befindet sich in Stellung 1. Der Druck wird von einem piezoelektrischen Aufnehmer erfaßt. Er kann, besonders bei mittleren Umformgraden, durch Schwingungen im Druckbegrenzungsventil um bis zu $\pm$ 3 % um einen konstanten Mittelwert schwanken.

Bild 14 dient zur Verdeutlichung des Vorgangsablaufes. Nach dem Einsetzen und Klemmen des Streifens wird der Hydraulikkolben durch Betätigung der Pumpe sowie des 4/3 - Wegeventils (Stellung 1) auf der Druckseite des Werkstücks positioniert. Daraufhin wird der Hydraulikmotor abgestellt, das Wegeventil verbleibt in Stellung 1. Der Beginn der Umformung wird durch den Niedergang des Pressenstößels eingeleitet, woraufhin sich der am Druckbegrenzungsventil eingestellte Druck im Zylinder aufbaut und das Werkstück beaufschlagt. Durch gleichzeitiges Eintauchen des Kolbens in den Zylinder wird die Geschwindigkeitsdifferenz ausgeglichen. Das Ende der Umformung ist erreicht, wenn der Pressenstößel auf Festanschläge auffährt.

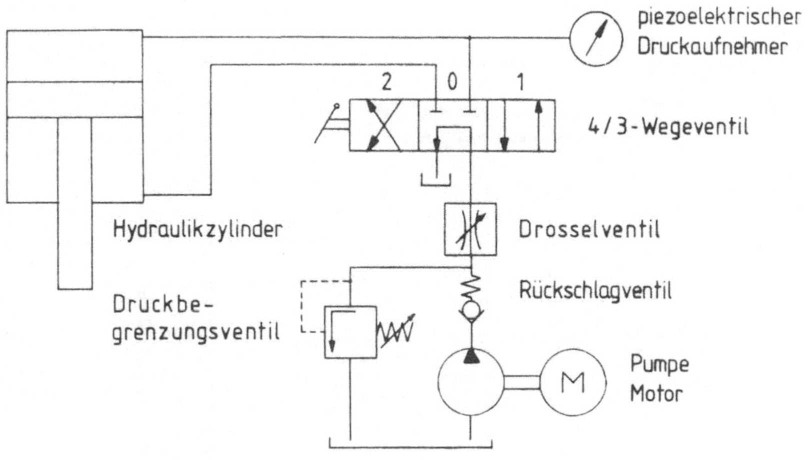

Bild 12: Hydraulikplan der Ziehdrückvorrichtung.

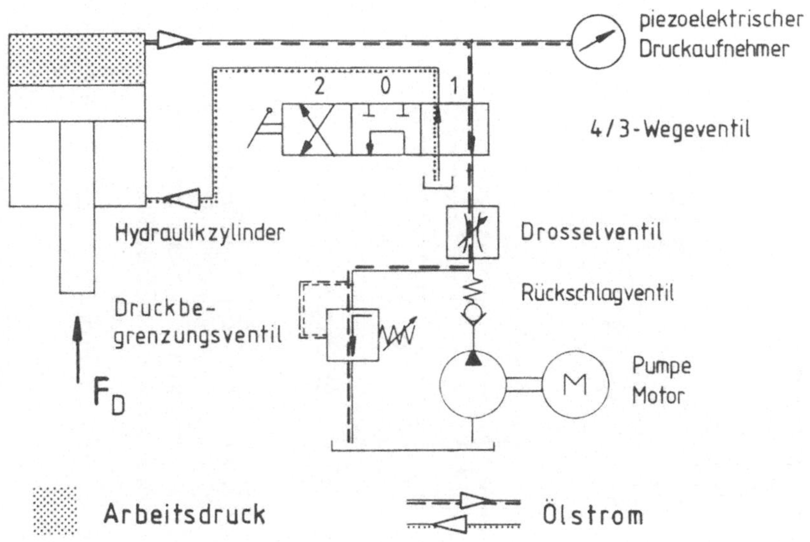

Bild 13: Ölstrom im Hydrauliksystem beim Arbeitshub.

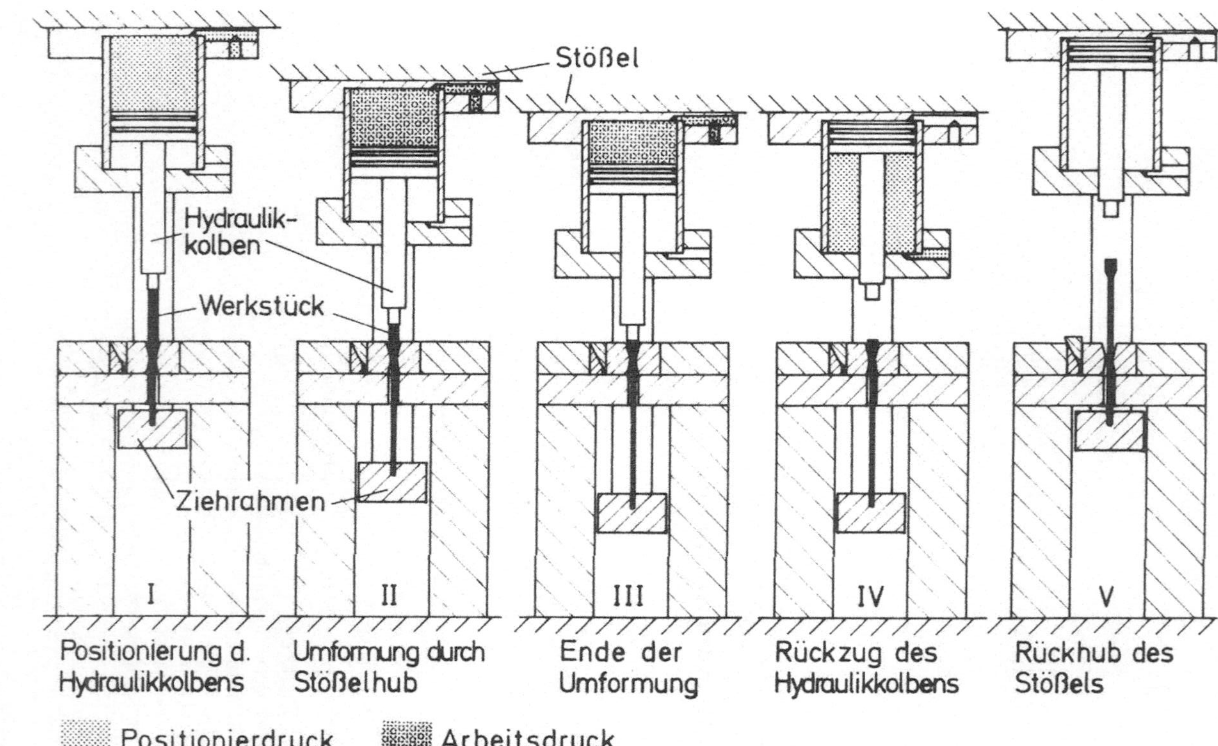

Bild 14: Vorgangsablauf beim gleichzeitigen Ziehen und Drücken eines Streifens.

In dieser Stellung wird der Hydraulikkolben zurückgefahren (Wegeventil Stellung 2), und die Klemmkeile am Werkzeug werden gelöst. Der Rückhub des Pressenstößels gibt das Werkstück zur Entnahme frei. Die Signale der Kraftmeßeinrichtungen sowie des Stößelweges werden von einem UV-Lichtstrahloszillographen aufgezeichnet. Das Werkzeug mit Meßinstrumenten zeigt Bild 15.

Bild 15: Ziehdrückwerkzeug im eingebauten Zustand.

5.2.3 Werkstoffe

Die Werkstücke wurden aus blankgezogenem Flachstahl St 37-2 mit dem Querschnitt 50 × 8 mm^2 auf eine Länge von 150 mm abgesägt. Die Verläufe der Fließkurven in Bild 16 von Proben aus unterschiedlichen Lagen im Werkstück deuten auf eine Vorverfestigung aus dem vorhergehenden Fertigungsverfahren hin. In Ziehrichtung entnommene Proben erfordern beim Stauchen (andere Beanspruchungsrichtung) eine höhere Kraft. Weitergehende Untersuchungen zu den Fließkurvenverläufen verfestigter Werkstoffe führte Thomsen [63] durch.

Als Werkzeugwerkstoff für die Ziehbacken wurde der Werkzeugstahl X 155 CrVMo 12 1 (Werkst. Nr. 1.2379) mit einer Härte von etwa 60 HRC eingesetzt.

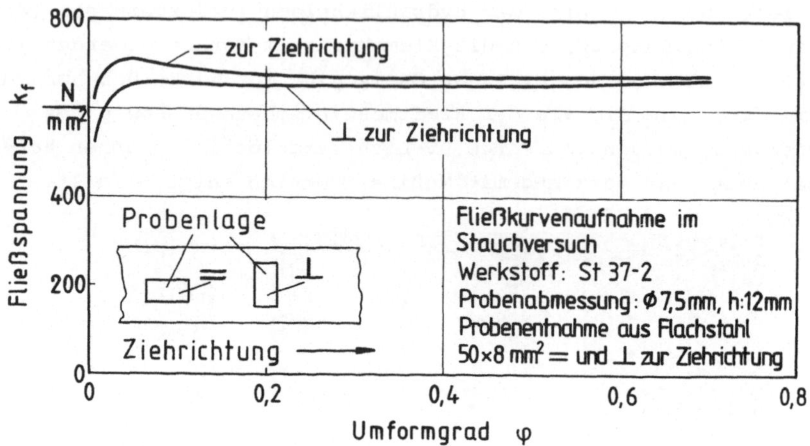

Bild 16: Fließkurven des Versuchswerkstoffes St 37-2.

5.2.4 Schmierstoffe

Die neu entwickelten Schmierstoffprüfverfahren (vgl. auch Kap. 6) wurden im experimentellen Teil der Arbeit zur Prüfung speziell zusammengestellter, nicht handelsüblicher Schmierstoffe eingesetzt. Dabei handelt es sich um 5 Flüssigschmierstoffe (S1 bis S4 und S7) auf Mineralölbasis und um 2 Polymerwachsemulsionen (S5 und S6).

Flüssigschmierstoffe auf Mineralölbasis, die in der Kaltmassivumformung eingesetzt werden, enthalten i.a. Zusätze von Fettsäureestern (Fettstoffe, Fettöle), Chlorparaffin, Schwefel- und Phosphoradditiven. Die prinzipielle Wirkungsweise dieser reibungs- und verschleißmindernden Zusätze zeigt Bild 17 anhand der Abhängigkeit der Reibzahl von der Temperatur.

Reines Mineralöl ist nicht temperaturbeständig, zersetzt sich und führt unter Auftreten von Verschleißerscheinungen zu erhöhter Reibung. Durch Zusatz eines Fettstoffes kann die Reibung bei niedrigen Temperaturen stark herabgesetzt werden. Die verwendeten Fettsäureester zeichnen sich aufgrund ihrer Polarität durch eine sehr gute Haftung und Filmfestigkeit auf der Metall-

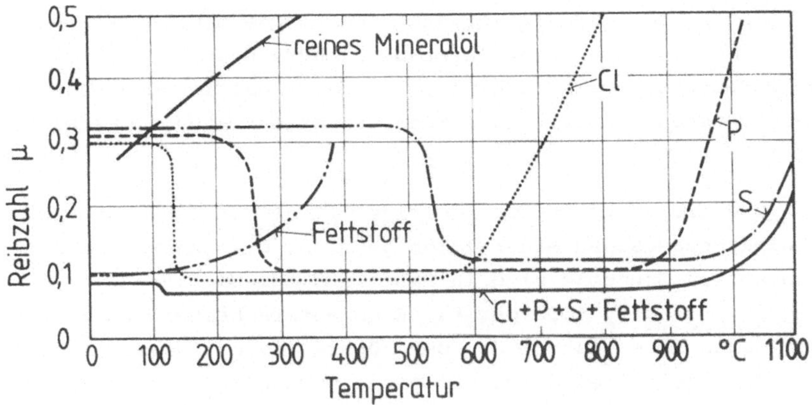

Bild 17: Temperaturverhalten verschiedener Additive [76, 77].

oberfläche aus. Bei höheren Temperaturen zersetzen sie sich, so daß temperaturstabilere Additive eingesetzt werden müssen. Chloradditive werden i.a. in Form von Chlorparaffin zugegeben. Auf der Werkstückoberfläche bildet sich bei 130°C Eisen - II - chlorid (im einfachsten Fall $FeCl_2$), welches sich bei etwa 670 °C wieder zersetzt. Die Zugabe von Phosphoradditiven ermöglicht im Temperaturbereich zwischen etwa 250°C und 900°C die Bildung von verschleißmindernden und korrosionshemmenden Eisenphosphidschichten. Als Hochdruck- (EP-) Additiv kommt Schwefel

Tabelle 3: Analysendaten der verwendeten Grundöle.

Analysendaten (Ausfallwerte)	Einheit	Naphtenbasische Mineralöle	
		Coray 50	Coray 1000
Viskosität, 40 °C	mm^2/s	45	1060
Viskositätsindex VI	-	+ 40	+ 67
Anilinpunkt	°C	83,1	112,4
Strukturanalyse n. IR			
C_A	%	15,0	15,0
C_P	%	46,0	55,5
C_N	%	39,0	29,5

zum Einsatz. Das auf der Werkstückoberfläche gebildete Eisensulfid ist bis etwa 1050 °C beständig. Werden in einem Grundöl sowohl Fettstoff, als auch Cl-, P- und S-Additive eingebaut, so ergibt sich ein sehr günstiges Temperaturverhalten (vgl. Bild 17).

Eine gute Mischbarkeit der Additive mit dem Grundöl ist i.a. bei naphtenbasischen Mineralölen gegeben. Die Analysendaten der eingesetzten Grundöle sind in Tabelle 3 zusammengefaßt. Coray 50 und Coray 1000 der Fa. Esso unterscheiden sich vor allem durch ihre Viskosität. Der höhere Viskositätsindex VI für Coray 1000 zeigt bei diesem Öl einen geringeren Viskositätsabfall mit steigender Temperatur.

Auf der Basis dieser beiden Grundöle wurden die Schmierstoffe S1, S2, S3, S4 und S7 von der Fa. Hoechst aufgebaut. Tabelle 4 zeigt, in welchem Verhältnis die unterschiedlichen Additive zugesetzt wurden. Die Schmierstoffe S1 bis S3 bauen auf dem niedrigviskosen Coray 50 auf. Sie sind mit Chlor- (S1), Chlor- und Schwefel- (S2) sowie Chlor-, Schwefel- und Phosphoradditiven (S3) versehen. Schmierstoff S4 hat die gleiche Formulierung wie

Tabelle 4: Zusammensetzung der Mineralölschmierstoffe.

Schmierstoffe	Mineralöl Gew. %	Fettöl Gew. %	Chloradditiv Gew. %	Gesamt-Chlorgehalt Gew. %	Schwefeladditiv Gew. %	Gesamt-Schwefelgehalt Gew. %	Phosphoradditiv Gew. %	Gesamt-Phosphorgehalt Gew. %	Viskosität bei 40 °C mm²/s
S 1	60,0 (Coray 50)	15,0	25,0	14,0	—	—	—	—	67
S 2	33,0 (Coray 50)	15,0	25,0	14,0	27,0	7,0	—	—	160
S 3	40,0 (Coray 50)	15,0	20,0	11,0	20,0	5,2	5,0	0,4	122
S 4	40,0 (Cor. 1000)	15,0	20,0	11,0	20,0	5,2	5,0	0,4	400
S 7	55,0 (Cor. 1000)	—	20,0	11,0	20,0	5,2	5,0	0,4	700

S3, basiert jedoch auf dem hochviskosen Coray 1000. Schmierstoff S7 wiederum wurde in gleicher Weise wie S4 mit Cl-, S- und P-Additiven versehen, es fehlt jedoch der 15 %ige Fettölanteil. Die rechte Spalte der Tabelle 4 gibt die Schmierstoffviskositäten bei 40°C an. Das Viskositäts - Temperaturverhalten der Schmierstoffe geht aus Bild 18 hervor.

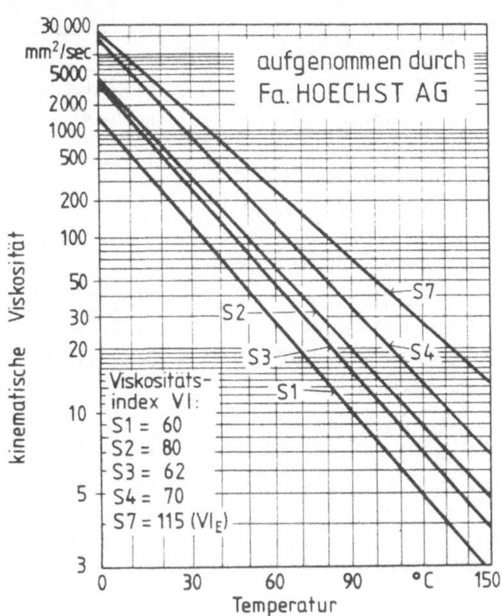

Bild 18: Viskositäts - Temperaturkurven der Schmierstoffe.

Der größte Viskositätsindex (Maß für Viskositätsstabilität bei steigender Temperatur) ist bei S7 mit VI_E 115 zu verzeichnen. Er fällt über VI 80 (S2), VI 70 (S4) und VI 62 (S3) auf VI 60 bei Schmierstoff S1 ab.

Die Zusammensetzung der den Schmierstoffen beigemischten Additive ist aus Tabelle 5 ersichtlich. Die angegebenen Spezifikationen wurden den Produktbeschreibungen entnommen. Als Fettöl wurde ein Glycerol Trioleat mit folgenden Kenngrößen eingesetzt: Säurezahl 2,0 mgKOH/g, Jodzahl 85 - 93 gJ/100g, Viskosität (40°C) 40 mm^2/s, VI_E 175.

Tabelle 5: Analysendaten der verwendeten Additive.

Additiv	Angabe	Wert
Chloradditiv	Hochtemperaturstabiles Hochdruckadditiv auf Chlorparaffinbasis.	
	Chlorgehalt (DIN 53474)	ca. 55 %
	Viskosität, 40 °C (DIN 51550)	ca. 1200 mm^2/s
Schwefeladditiv	Hochschwefelhaltiges EP - Additiv, aktiver Schwefelträger. Zusammensetzung: geschwefelte, pflanzliche Fettsäureester und Kohlenwasserstoffe, mineralölfrei.	
	Schwefelgehalt (ASTM-D 1551)	ca. 26 Gew. %
	Aktiv-Schwefelgehalt (ASTM-D 1662)	ca. 16 Gew. %
	Cu - Aktivität (ASTM-D 130) 4 Gew. % in Paraffinöl, 3h/100 °C	max. 4 b
	Viskosität, 50 °C (ASTM 445)	500 - 700 mm^2/s
Phosphoradditiv	Verschleißschutzadditiv, Zusammensetzung: 2 - Ethyl - hexyl - zink - dithiophosphat, stabilisiert.	
	Zinkgehalt (DIN 51391)	ca. 9,5 Gew. %
	Phosphorgehalt (DIN 51363)	ca. 8 Gew. %
	Schwefelgehalt (ASTM-D 1551)	ca. 16,5 Gew. %
	Cu - Aktivität (ASTM-D 130) 1 Gew. % in Paraffinöl, 3h/160 °C	1 a
	Viskosität, 50 °C (ASTM-D 445)	140 - 200 mm^2/s

Neben den Schmierstoffen S1 bis S4 und S7 auf Mineralölbasis wurden die zwei Polymerwachsemulsionen S5 und S6 in die Versuchsreihen mit aufgenommen. Beide Produkte basieren auf der gleichen Polyäthylenwachsgrundlage, weisen jedoch verschiedene Emulgatoren auf. S5 wurde mit einem aminischen Emulgator versehen; S6 enthält ein anorganisches Verseifungsmittel. Beide Schmierstoffe haben einen Festkörperanteil (Wachs und Emulgator) von 35 % . Sie wurden von der Fa. Hoechst zur Verfügung gestellt.

Wachsemulsionen können aufgrund ihres viskoelastischen Verhaltens hohe Drücke aufnehmen und bei kleinen Reibzahlen eine gute Trennwirkung erzielen. Es sind aber keine verschleißmindernden Additive enthalten, so daß metallischer Kontakt an Rauheitsspitzen der Reibpartner zu größeren Verschleißerscheinungen führen kann.

5.2.5 Versuchsdurchführung

Die Ziehdrückvorrichtung wurde in den Arbeitsraum einer hydraulischen Presse (Fabr. SMG) eingebaut, deren Stößelgeschwindigkeit auf 16 mm/s eingestellt war. Die beiden Säulen, verbunden durch den Ziehbackenrahmen, wurden auf dem Pressentisch verschraubt. Der Hydraulikzylinder mit dem Ziehrahmen wurde am Pressenstößel befestigt, so daß sich die untere Querverstrebung mittig zur Streifenaufnahme zwischen den Gestellsäulen befand.

Das Hydraulikaggregat wurde über Hochdruckschläuche mit dem Hydraulikzylinder verbunden. Es erlaubt das Ein- und Ausschalten der Hydraulikpumpe sowie das Umschalten des 4/3 - Wegeventils.

Die Versuchswerkstücke mit dem Ausgangsquerschnitt 50 × 8 mm^2 und der Länge 150 mm wurden zunächst durch Flachstauchen auf einer Fläche von etwa 50 × 20 mm^2 in ihrem Querschnitt reduziert. Bild 19 zeigt schematisch diesen Flachstauchvorgang.

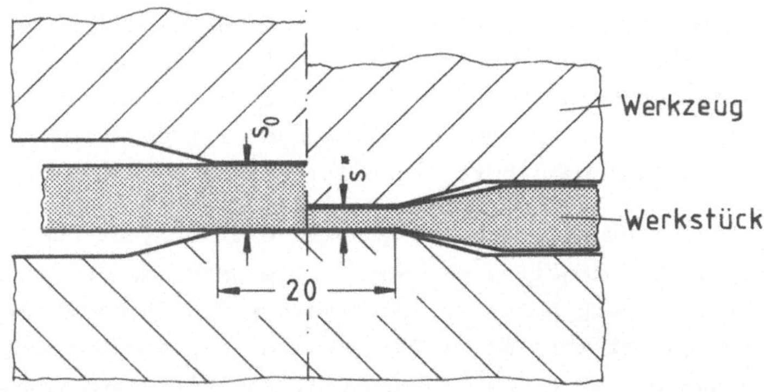

Bild 19: Flachstauchen der Werkstücke vor dem Ziehdrücken.

Die Dicke s* des gestauchten Querschnitt muß geringer sein als die Dicke s_1 des umgeformten Streifens, damit das Werkstück bei fest verschraubten Ziehbacken in den Ziehspalt eingelegt werden kann. Für diesen Stauchvorgang wurde auf der verwendeten Einsenkpresse (Fabrikat: Sack + Kieselbach) eine Kraft von etwa 1300 kN benötigt.

Die so vorgefertigten Werkstücke wurden mit Aceton gereinigt, welches, im Gegensatz zu Trichloräthylen, keine Rückstände auf der Oberfläche zurückläßt. Der folgende Schmierstoffauftrag wurde bei den Mineralölen mit einem Pinsel vorgenommen, wobei erwähnt werden muß, daß sich somit keine konstante Schmierfilmdicke einstellen ließ. Die Wachsemulsionen wurden auf 60°C erhitzt und durch Tauchen auf die Werkstücke aufgebracht. Nach dem Trocknen des Schmierfilms entstand ein durchsichtiger, fester Überzug. Beim Schmierstoff S5 war kurz nach dem Austrocknen Rostbildung auf der Metalloberfläche zu beobachten. Es ist also bei diesen Emulsionen auf ausreichende Beigabe von Korrosionsinhibitoren zu achten.

Die vorbereiteten Streifen wurden zwischen die Ziehbacken eingelegt, die mit der Ziehbackenaufnahme und dem Keilsystem fest verschraubt wurden (vgl. Bild 11). Beim Absenken des Pressenstößels durch dessen Eigengewicht wurde das Werkstück im Ziehspalt gehalten und so zwischen den Keilen in der Querverstrebung des Ziehrahmens verklemmt. Der Hydraulikkolben wurde auf die Druckseite des Streifens aufgefahren. Nach erfolgtem Druckaufbau (etwa 50 bar) wurde der Hydraulikmotor abgeschaltet und der Umformvorgang durch Betätigen der Presse eingeleitet (vgl. Bild 14). Kräfte, Druck und Weg wurden zeitabhängig von einem UV-Lichtstrahloszillographen aufgezeichnet.

Nach der Umformung verblieb eine hohe elastische Querdehnung in der Ziehbackenaufnahme, welche die Entnahme des Streifens erschwerte. Nach Lösen des Keilsystems und Rückzug des Hydraulikkolbens erfolgte der Stößelrückhub, der das Gleiten der Keile gegeneinander ermöglichte und so das Werkstück freigab.

Der Umformgrad (≙ Größe des Ziehspaltes) wurde durch Einlegen von Distanzscheiben zwischen Ziehbacken und Ziehbackenaufnahme eingestellt.

5.2.6 Versuchsauswertung

Die aufgezeichneten Kräfte bilden die wesentlichen Größen für die Ermittlung der Reibzahl und der Flächenpressung nach Gln.

(14) und (16). Abgesehen vom Anlaufvorgang (Überwindung der Haftreibung, Ansprechcharakteristik des Druckbegrenzungsventils) zeigen die Kraft-Zeit-Kurven konstante Verläufe. Dies ist auch bei den abgeleiteten Kraft-Weg-Verläufen ersichtlich.

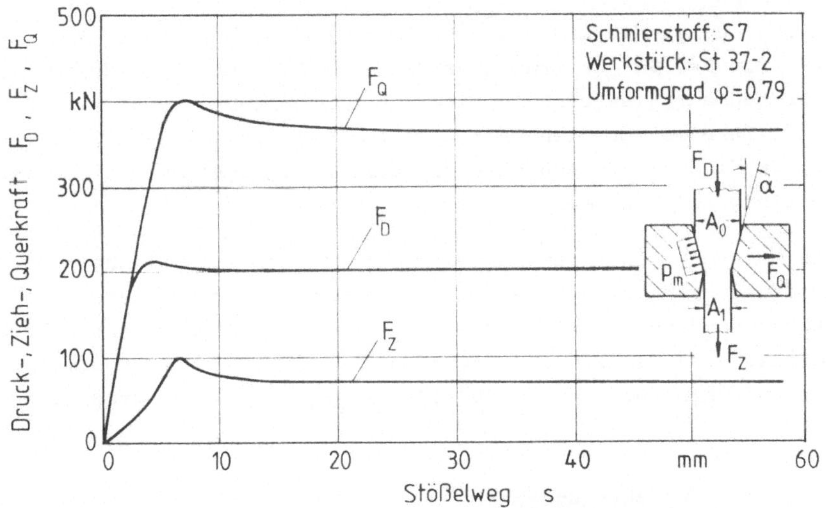

Bild 20: Kraft-Weg-Verläufe beim Ziehdrücken.

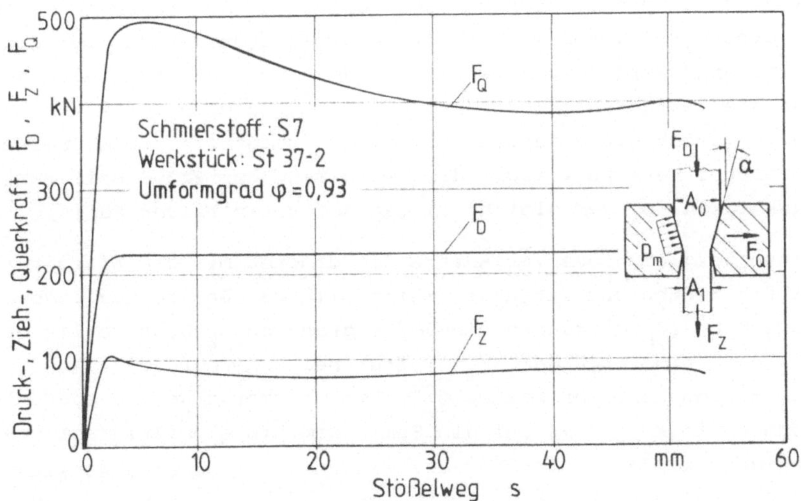

Bild 21: Kraft-Weg-Verläufe beim Auftreten von adhäsivem Werkstoffübertrag.

In Bild 20 sind die Kraft-Weg-Verläufe bei einem Umformgrad von φ=0,79 aufgetragen. Es wurden nur sehr kleine Verschleißmarken auf der Werkzeugoberfläche festgestellt; die auftretenden Kräfte bleiben während des Vorgangs nahezu konstant.

Bild 21 zeigt die Kraft-Weg-Verläufe bei einem höheren Umformgrad von φ=0,93. Es trat hier sehr starker adhäsiver Werkstoffübertrag auf, was sich in einer Abnahme der Querkraft F_Q und einer Zunahme der Ziehkraft F_Z ausdrückt. In solchen Fällen wurden die Kräfte nach etwa 3/4 des Umformweges zur Reibzahlermittlung herangezogen.

Die meßtechnische Erfassung der Oberflächenbeschaffenheit der umgeformten Werkstücke erfolgte durch ein mikroprozessorgesteuertes Meß- und Auswertegerät (Fabrikat: Hommel Tester T2OS), welches nach dem Tastschnittverfahren arbeitet. Es ermöglicht die Aufnahme der in DIN 4762/4768 festgelegten Kenngrößen.

5.2.6.1 Verfahrensgrenzen

Die berechneten Verfahrensgrenzen wurden in Abschn. 5.1.1 behandelt. Im praktischen Versuch konnte der theoretische maximale Umformgrad von φ=1,04 nicht nachvollzogen werden. Der größte Umformgrad wurde experimentell zu φ_{max} = 0,93 ermittelt, wobei die Verfahrensgrenzen Reißen und Ausknicken teils einzeln, teils gleichzeitig auftragen. Bild 22 zeigt ein fehlerfrei umgeformtes Werkstück sowie die Verformung der Probe beim Reißen, Ausknicken und dem gleichzeitigen Auftreten beider Fälle.

Einen Vergleich des Verfahrens Ziehdrücken mit den Einzelverfahren Ziehen und Verjüngen zeigt Bild 23. Bei reiner Zugbeanspruchung (F_D=0) konnte ein Umformgrad von φ_Z=0,58 realisiert werden. Beim Verjüngen (F_Z=0) trat bei Umformgraden φ_D>0,35 Ausknicken auf. Der maximale Gesamtumformgrad beim Ziehdrücken konnte mit φ_{ges}=0,93 auf die Summe der Einzelumformgrade gesteigert werden. Gegenüber dem Ziehen wurde so eine 40 %ige Erhöhung der Oberflächenvergrößerung auf A_1/A_0 = 2,5 erreicht.

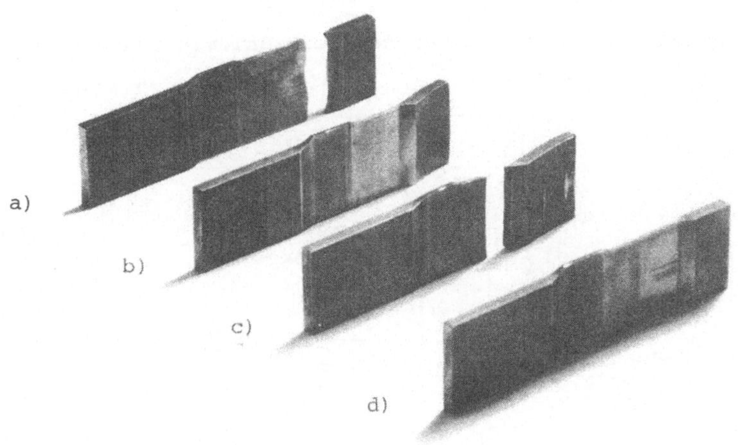

Bild 22: Streifenausbildung und Verfahrensgrenzen beim Ziehdrücken. a) Reißen; b) Ausknicken; c) Reißen und Ausknicken; d) fehlerfreies Werkstück.

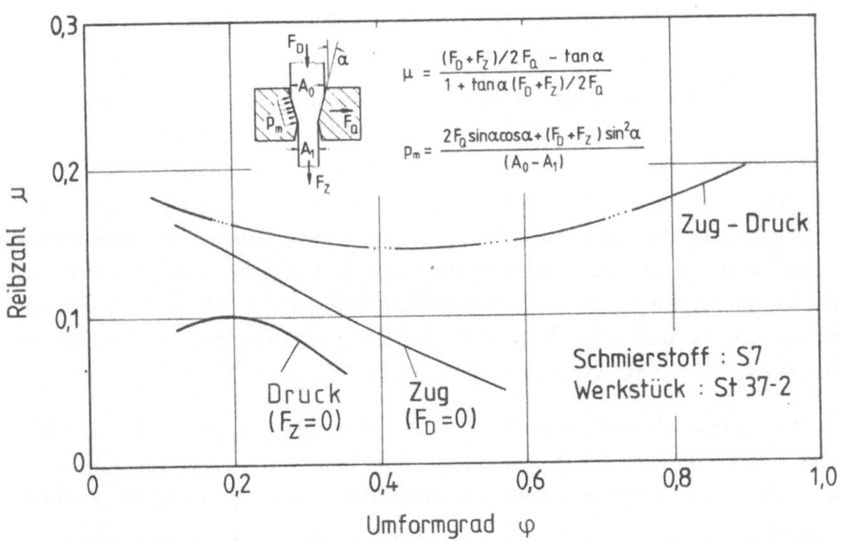

Bild 23: Abhängigkeit der Reibzahl vom Umformgrad beim Ziehen, Verjüngen und Ziehdrücken.

5.2.6.2 Abhängigkeit der Reibzahl vom Umformgrad

Bild 24 zeigt die Veränderungen der Reibzahl mit zunehmendem Umformgrad beim Ziehdrücken.

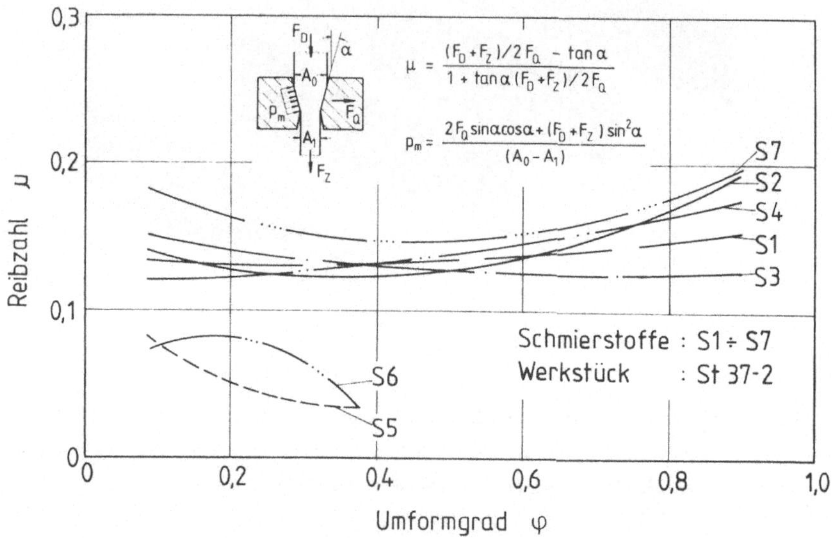

Bild 24: Abhängigkeit der Reibzahl vom Umformgrad.

Im Bereich zwischen $\varphi \approx 0{,}1$ bis $\varphi \approx 0{,}9$ wurden die Mineralölschmierstoffe S1 bis S4 und S7 eingesetzt. Dies entspricht einer Oberflächenvergrößerung von $A_1/A_0 \approx 1{,}1$ bis $\approx 2{,}5$. Die ermittelten Reibzahlen liegen in einem Bereich von $\mu = 0{,}1$ bis 0,2 relativ eng beieinander. Insbesondere bei mittleren Umformgraden können keine entscheidenden Unterschiede in der gemessenen Reibung beobachtet werden. Starke Reibzahlanstiege bei höherer Umformung (z.B. bei S2 und S7) stehen in Verbindung mit dem Auftreten von Werkstoffübertrag (vgl. Abschn. 8.2).

Die Polymerwachsemulsionen S5 und S6 zeichnen sich durch eine sehr niedrige Reibzahl aus. Die Versuchsreihen mußten jedoch bei mittleren Umformgraden abgebrochen werden, da sehr starke Verschleißerscheinungen auftraten. Diese Schmierfilme sind nicht in der Lage die Oberflächenvergrößerungen mitzuverfolgen.

Weitere Schmierstoffeinflüsse behandelt Abschn. 5.2.6.5 .

5.2.6.3 Abhängigkeit der Flächenpressung vom Umformgrad

Die mittlere Flächenpressung wird als Quotient der Normalkraft auf die Werkzeugschulter zur Berührfläche Werkzeug-Werkstück gebildet. Mit steigendem Umformgrad nehmen Normalkraft und Berührfläche zu. Die sich einstellende Abhängigkeit zwischen φ und p_m ist in Bild 25 bei Verwendung der Mineralöle dargestellt.

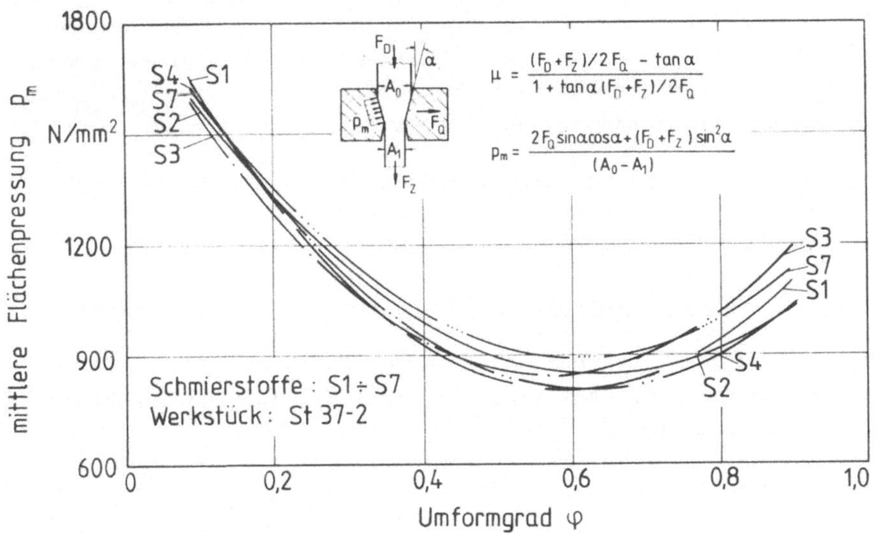

Bild 25: Abhängigkeit der Flächenpressung vom Umformgrad.

Die Abhängigkeit der Flächenpressung vom Umformgrad wird durch einen parabolischen Kurvenverlauf gekennzeichnet. Ausgehend von sehr hohen Drücken bei kleinen Umformgraden fällt die Flächenpressung bei mittlerer Umformung ab, durchläuft ein Minimum und steigt bei höheren Umformgraden wieder an. Diese Erscheinung wird dadurch erklärt [51], daß bei geringer Umformung die mit Schmierstoff angefüllten Rauheitstäler durch die Werkzeugoberfläche verschlossen werden und sich ein hoher hydrostatischer Druck aufbaut, der als Querkraft gemessen wird. Grenzreibungsgebiete liegen nur an den Rauheitsspitzen vor. Mit steigender Umformung werden die Oberflächenrauheiten mehr und mehr eingeebnet, so daß der hydrostatische Schmier- und Druckanteil an

Bedeutung verliert. Bei größerer Umformung nähert sich der Reibzustand der Grenzreibung (mit Beginn adhäsiven Werkstoffübertrags), und die Flächenpressung nimmt mit steigendem Umformgrad zu. Ähnliche Abhängigkeiten wurden schon beim Streifenziehen [37, 39, 49] beobachtet.

Im Hinblick auf eine bessere Nachbildung der Reibbedingungen in der Kaltmassivumformung ist der Bereich größerer Umformung und der dort auftretenden Belastungen wichtig. Gegenüber den beim Streifenziehen bekanntgewordenen Ergebnissen sind die durch Ziehdrücken ermittelten relativen Flächenpressungen p_m/k_{fm} bei maximalem Umformgrad um bis zu 100% gesteigert worden.

Der Einfluß unterschiedlicher Schmierstoffe auf die Flächenpressung wird in Abschn. 5.2.6.6 behandelt.

5.2.6.4 Abhängigkeit der Reibzahl von der Flächenpressung

Die Abhängigkeit der Reibzahl von der Flächenpressung, dargestellt in Bild 26, läßt sich aus einer Kombination der Bilder 24 und 25 ermitteln.

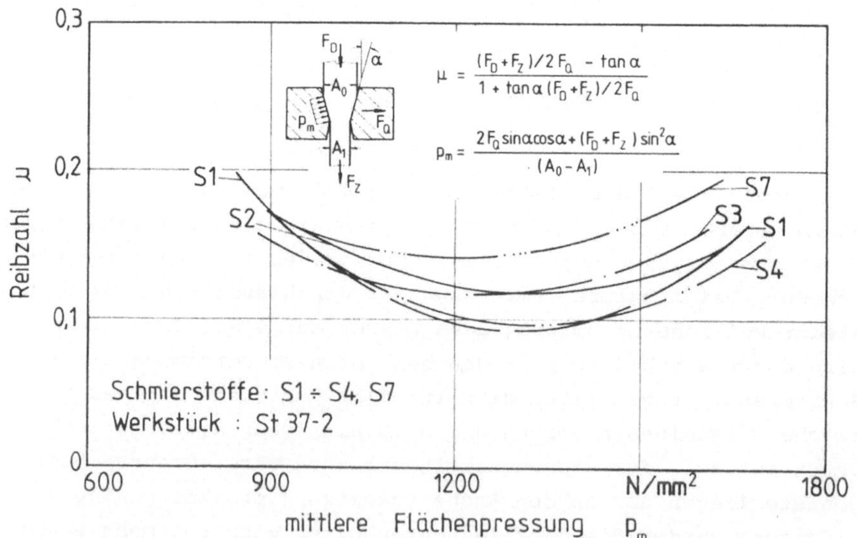

Bild 26: Abhängigkeit der Reibzahl von der Flächenpressung.

Es ergibt sich, wie beim einfachen Streifenziehen, ein Verlauf abnehmender Reibzahl bis zu einem mittleren Druck. Von dort aus steigt die Reibung zu höheren Flächenpressungen hin wieder an. Auch hier gelten die in Abschn. 5.2.6.3 gemachten Einschränkungen, wonach Drücke oberhalb etwa 1200 N/mm² zum größten Teil nicht aus dem Kontakt Werkzeug - Werkstück hervorgehen und daher als überhöht gemessen werden. Bei kleinen Umformgraden ist die Rauheit der Werkstückoberfläche noch relativ groß. Die mit Schmierstoff angefüllten Rauheitstäler werden bei der Umformung durch die Werkzeugoberfläche verschlossen, so daß sich dort hydrodynamische bzw. hydrostatische Druckräume aufbauen [38].Auf diese Weise entstehen hohe Drücke, die auf die Werkzeugoberfläche einwirken. Die durch die elastische Aufweitung der Ziehbackenaufnahme gemessene Querkraft geht demnach nur teilweise aus der Kraft an den Stellen des Werkstück - Werkzeug - Kontaktes hervor. Ein grosser Anteil resultiert aus der Reaktionskraft in den Schmierstoff - Druckräumen.

Interessant für die Beurteilung der tribologischen Verhältnisse im Hinblick auf die Verfahren der Kaltmassivumformung ist beim Ziehdrücken der Bereich mittlerer bis großer Umformung. Hier überwiegen, wie bei den Umformvorgängen selbst, Mischreibungsbedingungen mit erheblichen Grenzschmierungsanteilen. Die gemessenen Flächenpressungen gehen hauptsächlich aus den Kräften in den Kontaktbereichen zwischen Werkzeug und Werkstück hervor.

Für alle untersuchten Schmierstoffe ist zwischen p_m = 900 N/mm² bis 1200 N/mm² ein Abfall der Reibzahl zu verzeichnen. Die geringsten Änderungen treten bei den Schmierstoffen S3 und S7 auf, die größte Druckabhängigkeit wurde bei S1 beobachtet.
Beim Einsatz von Schmierstoff S7 tritt über einen weiten Bereich die höchste Reibung auf. Dies kann auf das Fehlen des Fettstoffes und die hohe Viskosität auch bei erhöhten Temperaturen (vgl. Bild 18) zurückgeführt werden.

5.2.6.5 Einfluß von Viskosität und Additivierung auf die Reibzahl

Der Einfluß der Viskosität auf die Reibzahl wird durch einen Vergleich der beiden Schmierstoffe S3 und S4 veranschaulicht. Beide Produkte haben die gleiche prozentuale Additivierung mit Cl-, S- und P-Additiven. Sie unterscheiden sich nur in ihren Grundölen (vgl. Tabelle 4), wodurch Schmierstoff S3 eine Viskosität von 122 mm^2/s und S4 von 400 mm^2/s aufweist. Die Viskositätsindizes unterscheiden sich mit VI 62 und VI 70 nur unwesentlich. Bild 27 zeigt den Einfluß der Viskosität auf die Reibzahl.

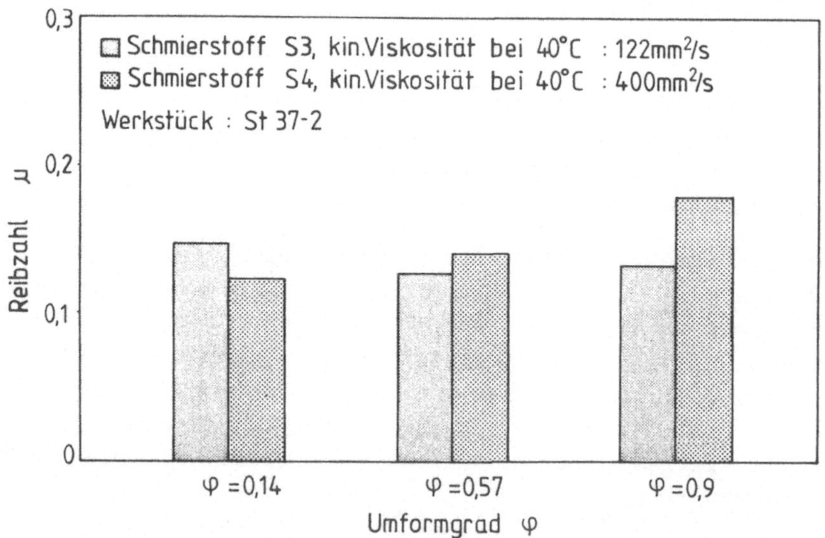

Bild 27: Einfluß der Viskosität auf die Reibzahl.

Das unterschiedliche Druck-Viskositäts-Verhalten der Schmierstoffe hat zur Folge, daß bei kleinen Umformgraden und geringer Viskosität größere Reibung auftritt. Bei zunehmender Umformung überwiegt der Einfluß der Temperatur, so daß beim Einsatz des höherviskosen Schmierstoffes mit größerem Viskositätsindex die Reibzahl ansteigt.

Hinsichtlich geringerer Reibzahl scheint ein niedrigviskoser

Schmierstoff demnach Vorteile zu bieten, zumal sich dieser leichter aufbringen läßt. Auf jeden Fall ist aber das Temperaturverhalten des Schmierstoffs mit in Betracht zu ziehen. Bei Umformvorgängen übliche Wärmeentwicklungen (Beharrungstemperaturen 200 bis 300 °C) können die Viskosität unter ein erträgliches Maß absenken, so daß die Tragfähigkeit nicht mehr ausreicht.

Die Untersuchung des Einflusses der Additivierung auf die Reibzahl wurde mit den Schmierstoffen S1 (Cl-Add.), S2 (Cl- und S-Add.) und S3 (Cl-, S- und P-Add.) durchgeführt (vgl. Tabelle 4). Sie sind auf dem gleichen Grundöl aufgebaut, weisen aber Unterschiede in den prozentualen Anteilen der Zusätze auf. Sie haben aufgrund dessen verschiedene Viskositäten und Viskositätsindizes.

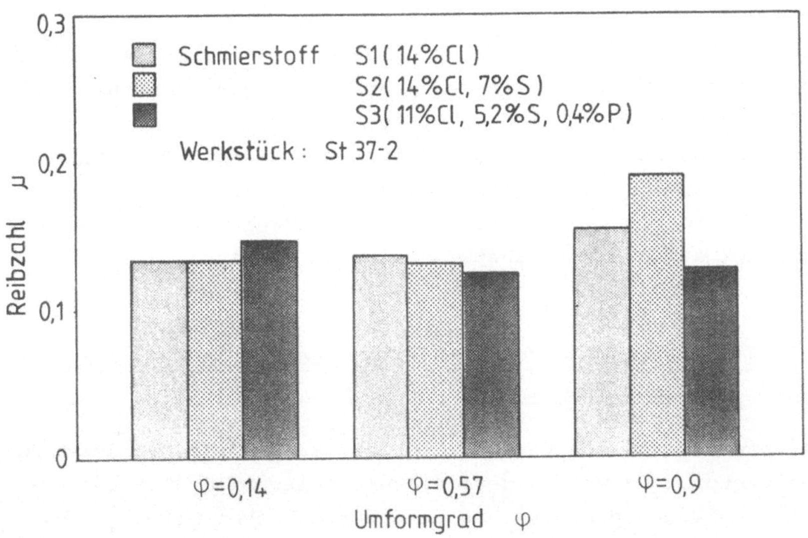

Bild 28: Einfluß der Additivierung auf die Reibzahl.

Die mit diesen drei Schmierstoffen ermittelten Reibzahlen zeigt Bild 28. Bereits in Abschn. 5.2.4 (vgl. Bild 17) wurde erwähnt, daß die Additivwirksamkeit von der Temperatur abhängt. Demnach wird zunächst das Chlor-, anschließend das Phosphor- und ab etwa 500 °C das Schwefeladditiv aktiviert.

In der Kaltmassivumformung ist eine erhöhte Temperatur die Folge gesteigerter Umformgeschwindigkeit und größeren Umformgrades. Bei den Ziehdrückversuchen wurden bei größerem Umformgrad z.T. stark erhöhte Temperaturen festgestellt. Etwa 3 Sekunden nach der Umformung wurden auf der Streifenoberfläche 90 °C gemessen, die Temperatur in der Reibfuge kann weit darüber [59, 60] liegen.

Aus einem Vergleich der Schmierstoffe S1 und S2 wird deutlich, daß die Reaktionstemperatur zur Erzeugung des schmierwirksamen Eisensulfids (500 °C) bei Umformgraden bis $\varphi \approx 0{,}6$ nicht erreicht zu werden scheint. Der Anstieg der Reibzahl beim höchsten Umformgrad ist mit Werkstoffübertrag verbunden. Die Auswirkungen der Phosphorzusätze zeigen die Reibzahlen für Schmierstoff S3. Die abnehmende Reibung ist auf die Bildung von Eisenphosphid zurückzuführen, welches sich aufgrund der hohen Umformung bei etwa 270 °C bildet.

Zusätze für Kaltfließpreßöle sind demnach entsprechend den erwarteten Temperaturen in der Wirkfuge einzusetzen, um die Bildung der reibungs- und verschleißmindernden Reaktionsschichten zu ermöglichen. Die Messung der auftretenden Temperaturen ist mit erheblichen Schwierigkeiten verbunden. Eine ausreichende Simulation im Versuch ist durch Vorwärmen von Werkzeug und Werkstück auf die Betriebstemperatur zu erreichen.

5.2.6.6 Einfluß von Viskosität und Additivierung auf die Flächenpressung

Zur Untersuchung des Viskositätseinflusses wurden wiederum die Schmierstoffe S3 und S4 gegenübergestellt. Bild 29 zeigt die mittlere Flächenpressung bei unterschiedlichen Umformgraden. Bei kleinen und mittleren Umformgraden waren nur unwesentliche Unterschiede meßbar. Bei großer Umformung wurden geringere Flächenpressungen bei hoher Viskosität ermittelt, was auf eine bessere Trennung der Reibpartner zurückgeführt werden kann (vgl. Abschn. 8.2).

Die Auswirkungen der Additivierung auf die Flächenpressung sind ebenfalls unbedeutend. Bild 30 zeigt die entsprechenden

Meßergebnisse, wonach sich die niedrigere Reibzahl bei Schmierstoff S 3 in einer beim größten Umformgrad erhöhten Flächenpressung äußert.

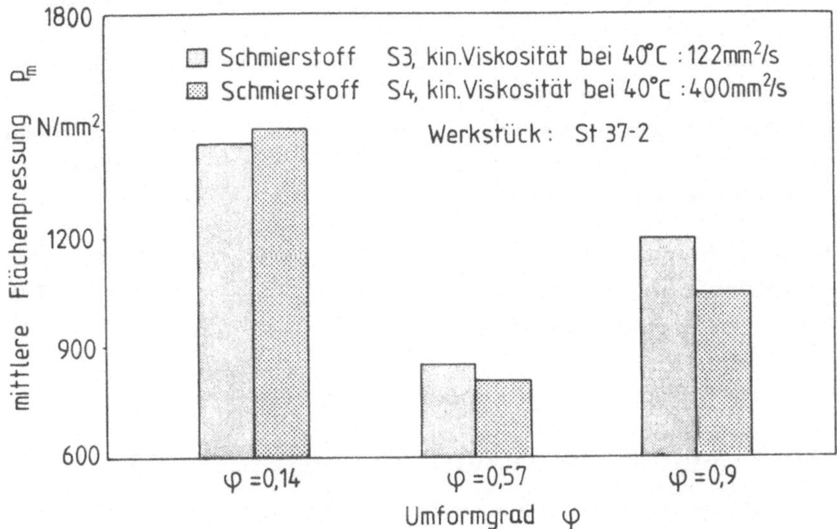

Bild 29: Einfluß der Viskosität auf die Flächenpressung.

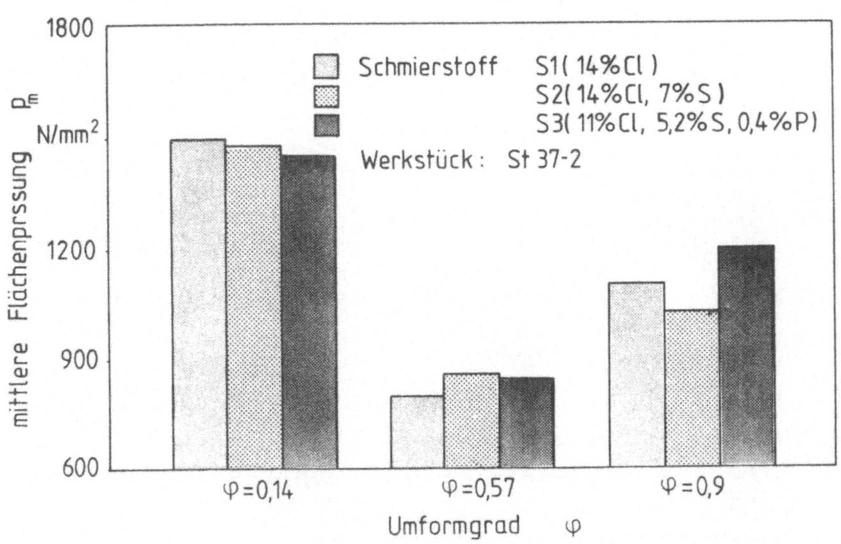

Bild 30: Einfluß der Additivierung auf die Flächenpressung.

5.2.7 Oberflächenausbildung der Werkstücke

Die Oberflächen der umgeformten Werkstücke wurden mit einem mikroprozessorgesteuerten Meß- und Auswertegerät untersucht. Die Meßstrecke lag im rechten Winkel zur Ziehrichtung. Aufgenommen wurden die gemittelte Rauhtiefe R_Z, der Mittenrauhwert R_a sowie der Profiltraganteil t_p bei verschiedenen Schnittlinientiefen. Die Messung wurde in der Mitte des Streifens und, soweit möglich, nicht im Bereich adhäsiven Werkstoffübertrags durchgeführt.

Ziel der Oberflächenmessungen ist es, eine genauere Analyse der Reibvorgänge in der Wirkfuge durchführen zu können und die Auswirkungen der Schmierstoffeigenschaften (Viskosität, Additive) zu erfassen.

5.2.7.1 Veränderung der Oberflächenkennwerte beim Ziehdrücken

Die gemittelte Rauhtiefe R_Z wird als arithmetisches Mittel der Einzelmessungen aus fünf aneinander grenzenden, gleichlangen Meßstrecken nach DIN 4768/1 ermittelt. Bild 31 zeigt die Veränderung dieses Wertes mit steigendem Umformgrad.

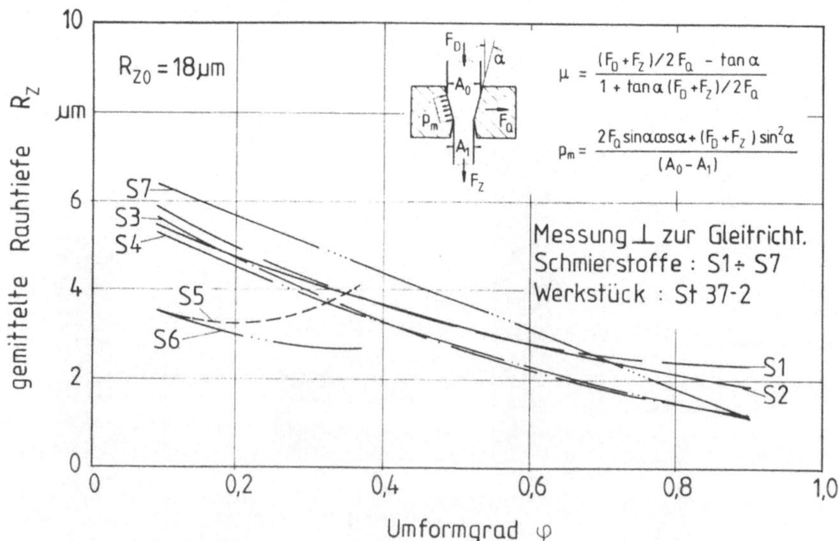

Bild 31: Veränderung der gemittelten Rauhtiefe R_Z.

Ausgehend von einer Anfangsrauhtiefe R_{ZO}=18 µm stellen sich bei Verwendung der zwei Schmierstoffgruppen (Öle und Wachse) bereits nach geringer Umformung Unterschiede ein. Die Polymerwachsemulsionen S5 und S6 bedecken mit ihrem druckfesten Film das gesamte Oberflächenprofil, wodurch sich bis zu einem begrenzten Umformgrad eine starke Oberflächeneinebnung ergibt. Die Wachse enthalten jedoch keine reaktiven Zusätze, so daß Bereiche direkten metallischen Kontakts sofort zu adhäsivem Werkstoffübertrag führen.

Bei den Mineralölschmierstoffen ist zunächst ebenfalls ein starker Abfall der Rauhtiefe von 18 µm auf etwa 6 µm zu beobachten. Mit zunehmender Umformung ist eine weitere Einebnung zu verzeichnen, wobei die hochlegierten Schmierstoffe S3 und S4 sowie S7 die geringste Endrauhtiefe liefern. Die Schmierstoffe S1 und S2 zeigen einen flacheren Kurvenverlauf und etwa doppelte Rauhtiefe beim höchsten Umformgrad.

Ähnliche Abhängigkeiten zeigen sich auch bei der Veränderung des Mittenrauhwertes R_a mit steigendem Umformgrad. Die ermittelten Werte sind in Bild 32 dargestellt.

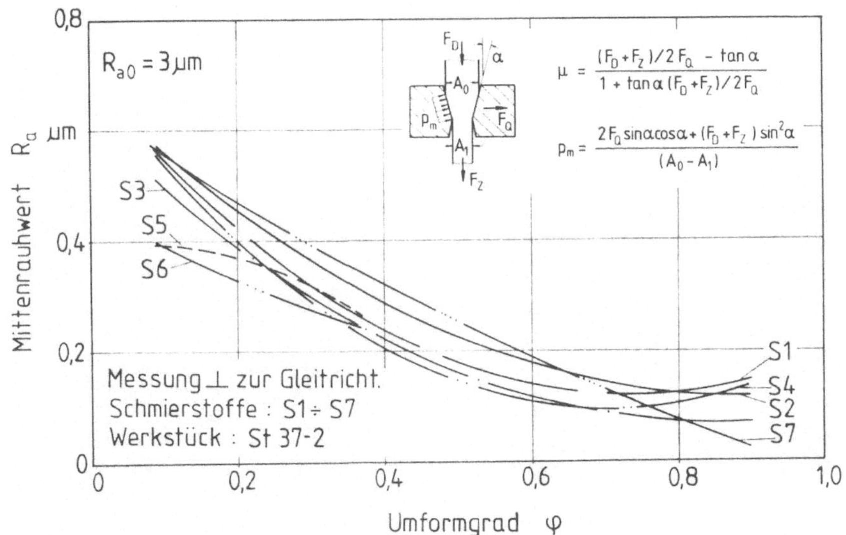

Bild 32: Veränderung des Mittenrauhwertes R_a.

Der Mittenrauhwert R_a ist, wie R_z, ein Pröfil-Senkrechtmaß und wird nach DIN 4768/1 als arithmetisches Mittel der absoluten Beträge aller Profilordinaten gebildet. Es gehen demnach Rauheitstäler und -berge in die Meßgröße ein.

Eine starke Abnahme von R_a mit zunehmendem Umformgrad wurde für Schmierstoff S7 festgestellt, während die anderen Mineralöle schon bei etwa φ=0,7 den kleinsten Wert erreichten und z.T. sogar zum größten Umformgrad hin wieder anstiegen. Es wird daher angenommen, daß der in den Schmierstoffen S1 bis S4 enthaltene Fettstoff einen engen Kontakt von Werkstück und Werkzeug verhindert. Die Werkzeugoberfläche kann sich daher beim Schmierstoff S7, der keine Fettsäureester enthält, besser auf die Werkstückoberfläche abbilden. Wie später gezeigt wird, ist dann allerdings die Gefahr adhäsiven Verschleisses größer.

5.2.7.2 Einfluß von Viskosität und Additivierung auf die Oberflächenausbildung

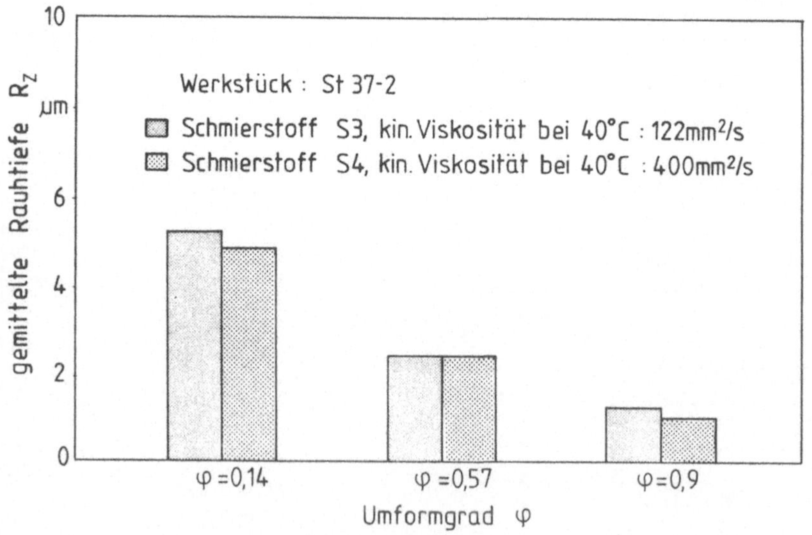

Bild 33: Einfluß der Viskosität auf die gemittelte Rauhtiefe R_z.

Dieses Ergebnis steht im Widerspruch zu Untersuchungen, die beim Tiefziehen von Aluminiumblechen [62] durchgeführt wurden. Bei Flächenpressungen von maximal 8 N/mm^2 wurde dort mit steigender Viskosität des Schmierstoffes eine rauhere Oberfläche des weichen Werkstückstoffs festgestellt. Beim Ziehdrücken hingegen besitzt das Werkstück eine sehr hohe Festigkeit (vgl. Bild 16). In den hydrostatischen Druckräumen ist der Druck nicht hoch genug, um die Rauheitstäler zu vergrößern. Der mit zunehmender Umformung in die Kontaktbereiche verdrängte Schmierstoff besitzt bei höherer Viskosität auch eine größere Druckfestigkeit und erlaubt so eine engere Annäherung des Werkstücks zum polierten Werkzeug. Zudem wird dieser Schmierstoff nicht so schnell seitlich aus der Kontaktzone herausgequetscht und bleibt somit auch bis zu höheren Umformgraden wirksam. Dies drückt sich ebenso im Verschleiß aus (vgl. Abschn. 8.2).

Der Schmierstoff S7 mit der höchsten Viskosität erzeugt entsprechend den obigen Überlegungen den höchsten Traganteil. Mitverantwortlich dafür kann aber auch die fehlende Bildung des Fettsäureesterfilms auf der Metalloberfläche sein.

Die Einflüsse der Additive auf den Traganteil sind aus den Kurven für die Schmierstoffe S1, S2 und S3 zu entnehmen. Schmierstoff S1, welcher nur das Chloradditiv enthält, ermöglicht mit zunehmender Umformung eine stetige Zunahme des Profiltraganteils. Für den zusätzlich Schwefel enthaltenden S2 ergibt sich ein sehr niedriges t_p, das sich auch mit steigender Umformung kaum ändert. Die Bildung des Reaktionsproduktes Eisensulfid geht unter Zersetzung der Metalloberfläche vonstatten. Dies wiederum hat eine Aufrauhung zur Folge. Die Oberflächenglättung beim Einsatz des Chloradditives wird somit aufgehoben. Die durch Schmierstoff S2 gebildete Verschleißschutzschicht ist über einen weiten Bereich wirksam (vgl. Abschn. 8.2).

Beim Schmierstoff S3 ist von kleinen zu mittleren Umformgraden hin ein zunehmender Profiltraganteil zu beobachten. Bei weiterer Erhöhung der Umformung nimmt t_p ab. Es kann davon ausgegangen werden, daß die einsetzende Reaktion des Phosphors mit der Werkstückoberfläche zum verschleißmindernden Eisenphosphid eine weitere Zunahme des Profiltraganteils verhindert.

Abschließend sei darauf hingewiesen, daß eine Beurteilung der Oberflächenausbildung eines umgeformten Teiles hinsichtlich seiner vorgesehenen Verwendung erfolgen muß. Für einen fließgepreßten Lagerzapfen ist z. B. ein großer Profiltraganteil vorteilhaft, während weiter umzuformende Teile Oberflächen mit niedrigerem Traganteil und damit größerer Schmierstoffspeicherkapazität aufweisen sollten.
Weiterhin haben die Ergebnisse gezeigt, daß die höchsten Traganteile bei niedriger legierten Schmierstoffen auftraten, welche aber letztendlich Werkstoffübertrag nicht verhindern konnten. Beim Einsatz eines Schmierstoffes für die Kaltmassivumformung sind demnach die resultierenden Größen Reibung, Oberflächenausbildung und Verschleiß zu beachten, gegeneinander abzuwägen und entsprechend den jeweiligen aktuellen Forderungen zur Schmierstoffbeurteilung heranzuziehen.

Eine genauere Analyse der Oberflächenveränderungen bei Verwendung additivierter Schmierstoffe verlangt eine eingehende Untersuchung der Reaktionsprodukte auf der Werkstückoberfläche. Für die vorliegende Arbeit waren entsprechende Einrichtungen nicht verfügbar. Zur besseren Kenntnis der Reibvorgänge ist es wünschenswert, die Forschung auf dem Gebiet der Tribologie in der Umformtechnik auf den Bereich der Chemie auszuweiten.

Aus dem Vergleich der tribologischen Verhältnisse bei Kaltmassivumformverfahren und Schmierstoffprüfverfahren in Kap. 3 ging hervor, daß die Modellversuche zu geringe Oberflächenvergrößerungen und Flächenpressungen liefern und daß die Reibverhältnisse bei den Stauchverfahren für eine aussagefähige Schmierstoffprüfung zu ungleichmäßig sind. Durch das Ziehdrücken konnten höhere Flächenpressungen und Oberflächenvergrößerungen erreicht werden (vgl. Kap. 5). Mit Hilfe des Schrägstauchens werden gleichmäßige Relativgeschwindigkeiten bei einem Stauchverfahren erzeugt (vgl. Kap. 4, Bild 8). Gleichzeitig besteht die Möglichkeit der Schmierstoffprüfung durch Reibzahlermittlung.

Das Verfahren des Schrägstauchens wurde von El-Magd [57] mit dem Ziel entwickelt, bei bekannten Reibverhältnissen in der Wirkfuge das mechanische Verhalten von Reinaluminium beim Stauchen zu ermitteln. Insbesondere sollte dadurch eine genaue Bestimmung der Fließspannung ermöglicht werden, da bei den üblicherweise eingesetzten konventionellen Stauchverfahren die Reibung inhomogene Formänderungen und damit örtlich sehr unterschiedliche Umformgrade zur Folge hat. Aus [57] geht allerdings nicht hervor, wie die Fließspannungsermittlung im Versuch vorgenommen werden kann.

Beim Schrägstauchen wird eine prismatische Probe rechteckigen Querschnitts zwischen parallelen, zur Stauchrichtung um den Winkel α geneigten Stempelflächen verformt. Die untere Stauchbahn ist fest, die obere zwischen zwei Führungsbahnen beweglich in einem geteilten Rahmen angeordnet. Die Stempelpaare mit unterschiedlichen Winkeln sind austauschbar. Eine Prinzipskizze des Schrägstauchvorganges ist in Bild 36 dargestellt. Eine genauere Beschreibung des Werkzeuges und der Versuchsdurchführung enthält Abschn. 6.2 .

El-Magd geht in [57] davon aus, daß durch die Stauchbahnneigung eine - in erster Näherung - konstante Schubspannung überlagert wird. Diese Schubspannung hat eine Mantelflächenneigung des Probenquerschnitts zur Folge, welche in direkter Beziehung zur Reibzahl stehen soll. Aus der Verformung der Probe

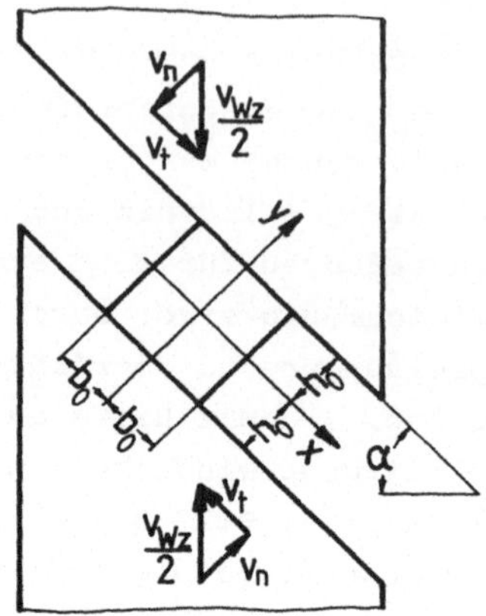

Bild 36: Schematische Darstellung des Schrägstauchens.

kann also auf die Reibung geschlossen werden.

Im Rahmen dieser Arbeit werden zunächst die von El-Magd vorgeschlagenen theoretischen Berechnungsmöglichkeiten auf der Basis der elementaren Plastizitätstheorie behandelt. Eigene, weitergehende theoretische Untersuchungen zeigen auf, wie sich die Reibverhältnisse beim Schrägstauchen ausbilden. In einer anschließenden Versuchsreihe wurde nachgewiesen, daß sich das Schrägstauchen zur Reibzahlbestimmung einsetzen läßt.

6.1 Theoretische Betrachtungen

El-Magd benutzte die elementare Plastizitätstheorie zur Beschreibung des Schrägstauchens von Versuchsproben aus Aluminium. Einige vereinfachende Annahmen und daraus resultierende Ergebnisse konnten in eigenen Vorversuchen nicht nachvollzogen werden. Zur notwendigen Bestimmung der tribologischen Beanspruchungsgröße Relativgeschwindigkeit wurde eine Analyse des Verfahrens nach der Methode der Visioplasticity vorgenommen. Sie liefert zudem Aussagen über den Formänderungszustand.

6.1.1 Elementare Plastizitätstheorie

Zur Beschreibung der Kinematik des Stauchvorganges wählte El-Magd den Probenmittelpunkt als Bezugspunkt und ersetzte die Geschwindigkeit des oberen Werkzeuges durch zwei entgegengesetzt gerichtete, gleichgroße Geschwindigkeiten $v_{Wz}/2$ (vgl. Bild 36). Die Tangential- und Normalgeschwindigkeitskomponenten v_t und v_n ergeben sich entsprechend dem Neigungswinkel α.

Für die folgenden theoretischen Betrachtungen legte El-Magd die Annahme eines ebenen, homogenen Formänderungszustandes zugrunde. In der betrachteten x - y Ebene wird die Bewegung des Werkstoffes in x - Richtung aufgrund der Stauchung durch

$$v_{x1} = \dot{\varphi}_x \cdot x \quad (17)$$

gekennzeichnet. Darin ist die Formänderungsgeschwindigkeit $\dot{\varphi}_x$:

$$\dot{\varphi}_x = - \dot{\varphi}_y = v_n / h \quad (18)$$

Bild 37 a zeigt den Verlauf dieser Geschwindigkeitskomponente in der Wirkfuge beim Stauchen. Die Tangentialgeschwindigkeit wird durch

$$v_t = \pm v_{Wz} / 2 \cdot \sin \alpha \quad (19)$$

beschrieben.

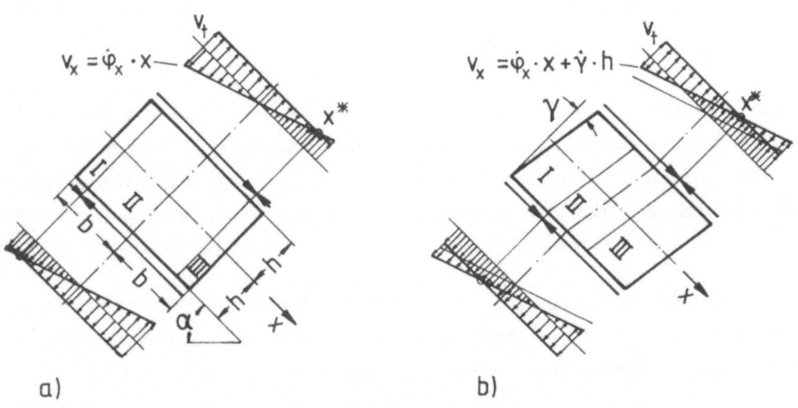

Bild 37: Kinematik des Schrägstauchvorganges (nach [57]).
a) Stauchung, b) Scherung.

Durch die Stauchbahnneigung werden Reibkräfte erzeugt, die zusätzlich zur Stauchung eine Scherung des Probenquerschnitts bewirken. Es wird die Schergeschwindigkeit

$$v_{x2} = \pm \dot{\gamma} \cdot h \tag{20}$$

überlagert, so daß für die gesamte Werkstoffgeschwindigkeitskomponente v_x in der Kontaktzone gilt:

$$v_x = \pm v_{Wz} / 2 \cdot \cos \alpha \left[\frac{x}{h} \pm \frac{\dot{\gamma}}{|\dot{\varphi}_y|} \right] \tag{21}$$

Die Relativgeschwindigkeit in der Wirkfuge v_{rel} wird mit

$$v_{rel} = v_x - v_t \quad \text{zu} \tag{22}$$

$$v_{rel} = \pm v_{Wz} / 2 \cdot \cos \alpha \left[\frac{x}{h} \pm \frac{\dot{\gamma}}{|\dot{\varphi}_y|} \pm \tan \alpha \right] \tag{23}$$

Wird v_{rel} gemäß Gl. (23) gleich 0 gesetzt, so ergibt sich der neutrale Punkt x* (Richtungsumkehr der Geschwindigkeit) zu:

$$x^* = \pm h \left(\tan \alpha - \frac{\dot{\gamma}}{|\dot{\varphi}_y|} \right) \tag{24}$$

In [57] wird eine direkte Beziehung des Quotienten $\dot{\gamma}/|\dot{\varphi}_y|$ zur Reibzahl μ angegeben (s. u.). Dieser Term ist gegenüber $\tan\alpha$ in Gl. (24) vernachlässigbar, so daß der neutrale Punkt durch

$$x^* = \pm h \cdot \tan \alpha \tag{25}$$

beschrieben wird.

Eigene Untersuchungen zur Lage des neutralen Punktes mit der Methode der Visioplasticity (vgl. Abschn. 6.1.2) ergaben jedoch, daß die gemessenen Werte erheblich von den von El-Magd berechneten abwichen. Die Beschreibung nach Gln. (24) und (25) ist demnach nicht ausreichend.

Durch den neutralen Punkt x* teilt El-Magd die Stauchprobe entsprechend Bild 37 b in die Bereiche I, II und III ein. Gleichmäßige Reibverhältnisse liegen in Bereich II mit jeweils entgegengesetzt gerichteten Geschwindigkeiten vor. Unter der Annahme, daß nur Bereich II vorliegt, der neutrale Punkt sich also außerhalb der Wirkfuge befindet, wurden aus den

Stoffgleichungen nach v. Mises für den ebenen Formänderungszustand [47] berechnet:

$$\dot{\varepsilon}_x = \lambda \; (\sigma_x - \sigma_m) \tag{26}$$

$$\dot{\varepsilon}_y = \lambda \; (\sigma_y - \sigma_m) \tag{27}$$

$$\dot{\varepsilon}_{xy} = \mu \cdot \tau_{xy} \tag{28}$$

Mit den in [57] angegebenen Gleichungen

$$\sigma_m = \frac{1}{2} \; (\sigma_x + \sigma_y) = \frac{1}{2} \sigma_y \tag{29}$$

$$\tau_{xy} = \lambda \cdot \sigma_y \tag{30}$$

ergibt sich die Beziehung

$$\dot{\varepsilon}_{xy} = 2 \cdot \mu \cdot \dot{\varepsilon}_y \tag{31}$$

Wird für die Formänderungsgeschwindigkeit $\dot{\varepsilon}_{xy}$ die halbe Schergeschwindigkeit 1/2 $\dot{\gamma}$ eingesetzt [47] und $\dot{\varepsilon}_y$ mit $|\dot{\varphi}_y|$ gleichgesetzt, so ergibt sich die von El-Magd angegebene Beziehung:

$$\dot{\gamma} \; / \; 2 \; = 2 \cdot \mu \cdot |\dot{\varphi}_y| \tag{32}$$

Unter der Annahme homogener Formänderung läßt sich Gl. (32) integrieren, und es ergibt sich für die Reibzahl μ :

$$\mu = \frac{\gamma}{4 \cdot |\varphi_y|} \tag{33}$$

Diese Beziehung erlaubt es, aus der Scherung γ des Stauchprobenquerschnittes und dem Umformgrad auf die Reibung zu schließen. Gemessen wird die Scherung in [57] als Neigungswinkel der Probenmantelflächen.

Zur Überprüfung von Gl. (33) wurden eigene Versuche mit prismatischen Proben (Querschnitt 8×8 mm^2, Länge 60 mm) aus Stahl St 37-2 durchgeführt. Die Werkstücke wurden vor Versuchsbeginn in der Mitte der oberen und unteren Stirnfläche parallel zu ihrer Längsachse durch Anritzen markiert. Nach dem Schrägstauchen wurden die Proben senkrecht zur Längsachse geteilt und der mittlere Querschnitt auf einem Profilprojektor vergrößert dargestellt. Es zeigte sich, daß in vielen Fällen keine Mantelflächenneigung feststellbar war. Teilweise ergaben sich sogar negative Winkel. Zudem war die Messung der Neigungswinkel aufgrund der leichten Mantelflächenauswölbung nur ungenau durchzuführen.

Wurden die gemessenen Größen γ und $|\varphi_y|$ in Gl. (33) eingesetzt, so ergaben sich Reibzahlen von negativen Werten bis zu μ=0,06. Die Meßgröße Mantelflächenneigungswinkel ist demnach zur Reibzahlbestimmung nicht geeignet.

Durch die eingeritzten Markierungen auf der Mitte der Probenstirnflächen bestand zusätzlich die Möglichkeit, deren Verschiebung zueinander auf dem Profilprojektor auszumessen und den entstehenden Schiebungswinkel γ' in Gl. (33) einzusetzen. In diesem Fall lagen die berechneten Reibzahlen zwischen μ=0,25 und μ=0,35.

Die unterschiedlichen mittleren Neigungswinkel des Probenquerschnittes von $\bar{\gamma} \approx 5°$ an den Mantelflächen bis $\bar{\gamma}' \approx 35°$ in Probenmitte machen deutlich, daß beim Schrägstauchen auch nicht annähernd homogene Formänderungen vorliegen. Eine Behandlung dieses Problems mit der elementaren Plastizitätstheorie ist demnach nicht ausreichend.

Im Folgenden wird nun untersucht, wie sich die Reib- und Geschwindigkeitsverhältnisse in der Wirkfuge tatsächlich ausbilden und auf welchem Weg eine Reibzahlermittlung möglich ist.

6.1.2 Visioplastische Stoffflußuntersuchungen

Die Visioplasticity - Methode wird bei Umformverfahren angewandt, um die Werkstoffbewegungen während eines Vorganges sichtbar zu machen. Es wird ein äquidistantes Liniennetz auf die Werkstückoberfläche oder, bei geteilten Proben, im Werkstückinneren aufgebracht und die Verschiebung der Knotenpunkte gegenüber dem Ausgangszustand ausgemessen. Bei instationären Vorgängen, wie im vorliegenden Fall des Schrägstauchens, wird der Umformvorgang in kleine Schritte aufgeteilt. Nach jedem Umformschritt erfolgt die Ermittlung der Knotenpunktsverschiebungen.

Für diese Untersuchungen beim Schrägstauchen wurden die Stauchproben aus blankgezogenem Stahl St 360-2 mit quadratischem Querschnitt, einer Kantenlänge von h_0 = 8mm und einer Länge von l_0 = 60mm in der Mitte (an der Stelle $l_0/2$) geteilt. Eine der Probenhälften wurde in diesem Querschnitt mit einem mechanisch aufgebrachten Liniennetz mit Linienabstand 0,5mm versehen. Die beiden Probenhälften wurden wieder zusammengeklebt und bis zu einem Stauchgrad $|\varphi_y| = \ln h/h_0 \approx 0{,}5$ mit einer Schrittweite von $\Delta|\varphi_y| \approx 0{,}1$ stufenweise umgeformt. Nach jeder Stauchstufe wurden die beiden Probenhälften getrennt und das verzerrte Netz unter einem Meßmikroskop ausgemessen. Für die Umformung im nächsten Schritt wurde die Probe wieder zusammengeklebt.

Je eine Versuchsreihe wurde für die Stauchbahnneigungswinkel $\alpha = 45^\circ$, 60°, 70° und 80° durchgeführt. Dabei wurde bis auf einige Stichversuche nur ein Schmierstoff (Drawsol 1622, Fa. Stuart Oil) verwendet.

Nach dieser Methode wurden die Bahnlinienverteilung und das Geschwindigkeitsfeld während des Stauchvorganges berechnet. Aus diesen Daten erfolgt die Ermittlung der örtlichen Vergleichsformänderungen. Deren Verteilung über dem Querschnitt der Probe soll Aufschluß geben über die Art der Formänderung und die Frage beantworten, ob die Annahme eines homogenen Verformungszustandes (vgl. Abschn. 6.1.1) zulässig ist.

Aus dem berechneten Geschwindigkeitsfeld kann die Relativgeschwindigkeit in der Wirkfuge ermittelt werden.

Bahnlinienverteilung

Das Schrägstauchen ist ein instationärer Umformvorgang. Es sind

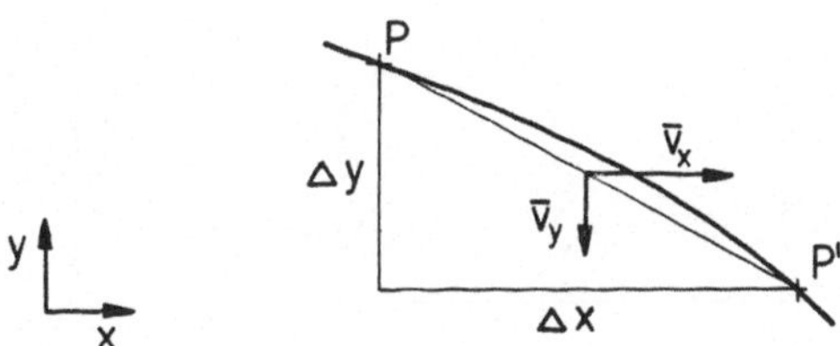

Bild 38: Darstellung einer Bahnlinie von P nach P'.

daher jeweils getrennt die Bahnlinien der Punkte zweier aufeinanderfolgender Stauchstufen zu betrachten. Punkt P ist ein Punkt des Liniennetzes beim Stauchgrad $|\varphi_y|_1$ (vgl. Bild 38). Der Punkt P' geht beim Stauchgrad $|\varphi_y|_2 = |\varphi_y|_1 + \Delta|\varphi_y|$ aus P hervor. Die Verbindungslinie $\overline{PP'}$ stellt die vereinfachte Annahme der gekrümmten Bahnlinie dar. Sie kann daher die tatsächlichen Verhältnisse umso besser beschreiben, je kleiner die Schrittweite $\Delta|\varphi_y|$ gewählt wird.

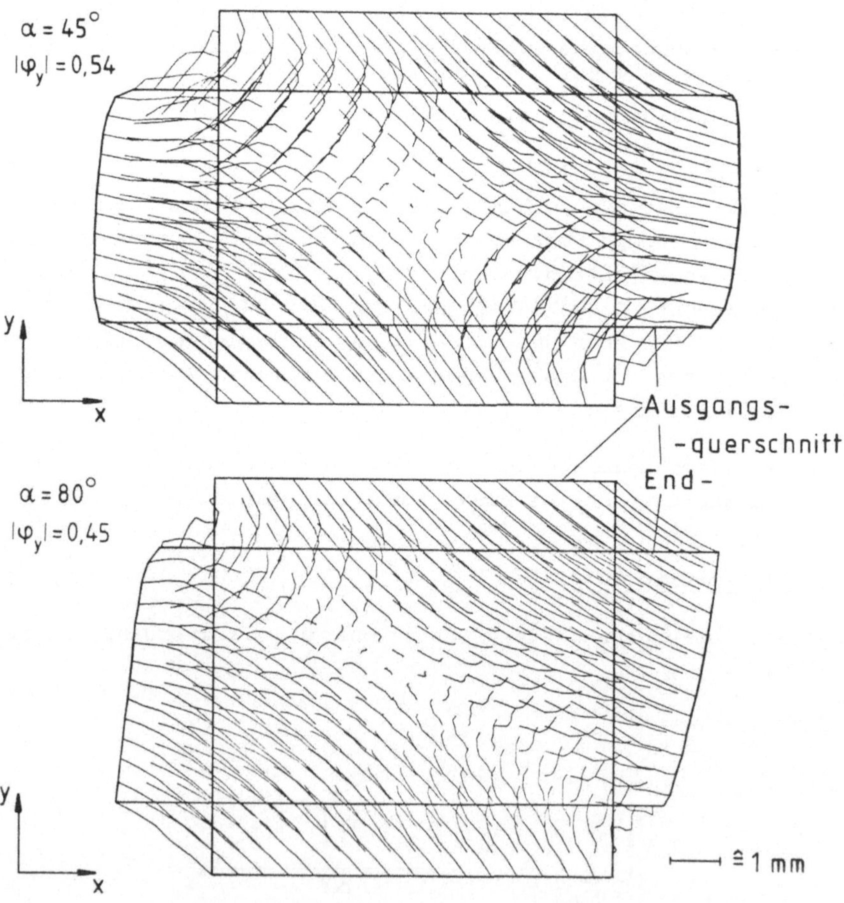

Bild 39: Bahnlinienverteilung beim Schrägstauchen.

Die Bahnlinienverteilung während eines Schrägstauchvorganges wird aus den Einzelanteilen der Bahnlinien beim Stauchen um den Betrag $\Delta|\varphi_y| \approx 0{,}1$ zusammengesetzt. Für die Stauchbahnneigungswinkel $\alpha = 45°$ und $\alpha = 80°$ sind die Bahnlinienverteilungen in Bild 39 dargestellt.

Es sind deutliche Unterschiede bei diesen beiden extremen Winkeln zu erkennen. Die Werkstoffbewegung bei $\alpha = 45°$ setzt sich aus Schiebungsanteilen und Stauchanteilen zusammen und nähert sich mit zunehmendem Umformgrad den Verhältnissen beim Stauchen mit ebenen, nicht geneigten Stempelflächen. Bei $\alpha = 80°$ wird der Werkstofffluß durch eine starke Scherung entlang der Probendiagonalen gekennzeichnet. Reine Stauchanteile treten nur bei größerem Stauchgrad in den Probenecken links oben und rechts unten auf. Bei beiden Winkeln wird zudem dort ein Umlegen der Mantelflächen an die Stauchbahn beobachtet.

Aus den Bahnlinienverteilungen wird deutlich, daß an den Probenstirnflächen bei $\alpha = 80°$ ein gleichmäßigerer Werkstofffluß gegenüber $\alpha = 45°$ vorliegt. Die gesamte Probenverformung kann jedoch nicht als homogen angesehen werden.

Vergleichsformänderungen

Aus den Bahnlinienverläufen ist die Bestimmung des Geschwindigkeitsfeldes möglich, welches für die Ermittlung der Vergleichsformänderungen benötigt wird. Bild 38 zeigt die im Mittelpunkt der Strecke $\overline{PP'}$ auftretenden Geschwindigkeitskomponenten $\overline{v}_x$ und und $\overline{v}_y$, mit denen sich Punkt P nach P' bewegt. Zur Bestimmung der Geschwindigkeiten wird das Zeitintervall Δt berechnet, in dem die Strecken Δx und Δy durchlaufen werden:

$$\Delta t = \Delta h \;/\; v_n = (\, h_o - h \,) \;/\; v_n \qquad (34)$$

Darin ist v_n die Geschwindigkeit in Normalenrichtung zur Stauchprobe. Sie wird für die Berechnungen zu $v_n = 1$ angenommen.

Das aus diesen Komponenten für den jeweiligen Bahnlinienmittelpunkt gebildete Geschwindigkeitsfeld muß für jede Stauchstufe $\Delta|\varphi_y|$ neu berechnet werden, da es sich um einen instationären Vorgang handelt. Aus den Geschwindigkeitsfeldern werden die

Vergleichsformänderungsverteilungen ermittelt. Es wird ein ebener Formänderungszustand angenommen, da das Verhältnis der Probenlänge l zur Kantenlänge h mit l/h = 7,5 ausreichend groß erscheint, um Formänderungen in Probenlängsachsenrichtung zu vernachlässigen.

Der Formänderungsgeschwindigkeitstensor hat für diesen Fall folgende Form:

$$V = \begin{pmatrix} \dot{\varepsilon}_x & \dot{\varepsilon}_{xy} & 0 \\ \dot{\varepsilon}_{xy} & \dot{\varepsilon}_y & 0 \\ 0 & 0 & 0 \end{pmatrix} \tag{35}$$

Für die Dehnungs- und Schiebungsgeschwindigkeiten gilt:

$$\dot{\varepsilon}_x = \delta v_x \,/\, \delta x \tag{36}$$

$$\dot{\varepsilon}_y = \delta v_y \,/\, \delta y \tag{37}$$

$$\dot{\varepsilon}_{xy} = 1/2 \cdot (\delta v_x/\delta y + \delta v_y/\delta x) \tag{38}$$

Die Vergleichsformänderungsgeschwindigkeit wird aus der zweiten Invarianten des Formänderungsgeschwindigkeitstensors berechnet:

$$\dot{\varepsilon}_V = \sqrt{4/3 \cdot I_2} \tag{39}$$

Darin ist:

$$I_2 = - \dot{\varepsilon}_x \cdot \dot{\varepsilon}_y + \dot{\varepsilon}_{xy}^{\,2} \tag{40}$$

Zur Berechnung der Vergleichsformänderungen werden die Vergleichsformänderungsgeschwindigkeiten, die ein Werkstoffteilchen entlang einer Bahnlinie durchläuft, aufintegriert:

$$\varepsilon_V = \int_{t_0}^{t_1} \dot{\varepsilon}_V \, dt \tag{41}$$

Mit $dt = dh/v_n$ sowie $v_n = 1$ ergibt sich für die Vergleichsformänderung:

$$\varepsilon_V = \int_{h_0}^{h_1} \dot{\varepsilon}_V \, dh \tag{42}$$

Für die Berechnungen der Bahnlinienverteilungen, des Geschwindigkeitsfeldes und der Vergleichformänderungen aus den Meßdaten der verzerrten Liniennetze der Stauchproben

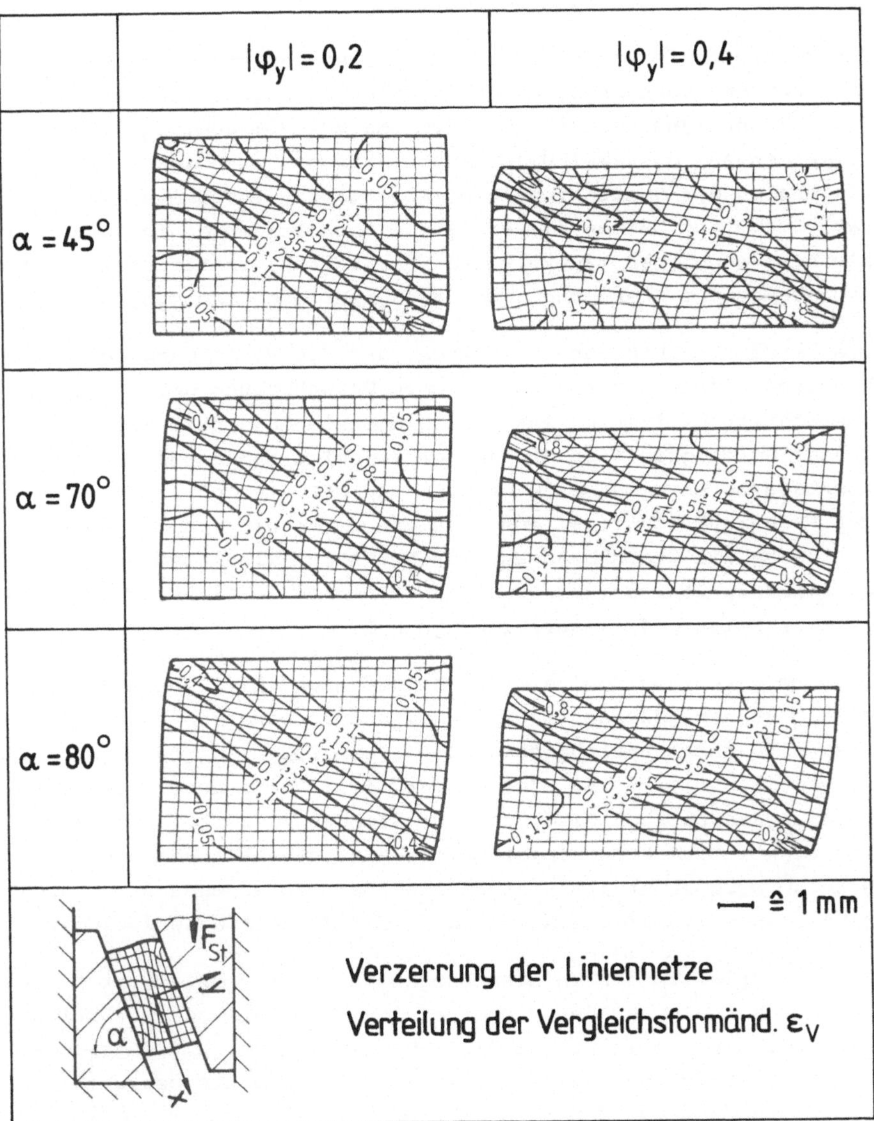

Bild 40: Liniennetzverzerrung und Vergleichsformänderungsverteilung beim Schrägstauchen.

wurde ein Rechenprogramm erarbeitet. Auf Einzelheiten dieses Programms wird hier nicht eingegangen.

Die Vergleichsformänderungen in den Querschnitten verschieden umgeformter Stauchproben sind in Bild 40 dargestellt. Bei den Stauchbahnneigungswinkeln $\alpha = 80°$ und $\alpha = 70°$ geht aus den Verteilungen bei den zwei Umformstufen hervor, daß sich in der Diagonalen der Stauchprobe eine Zone großer Verformung ausbildet. Zu beiden Seiten dieser Zone liegen Bereiche, in denen bei kleinem Stauchgrad nahezu keine Formänderung stattfindet. Erst mit steigender Stauchung nimmt auch hier die Umformung zu.

Die verzerrten Liniennetze zeigen, daß die Verformung der Probe hauptsächlich aus der gegenseitigen Verschiebung der beiden Querschnittshälften entlang der Diagonalen besteht. Mit steigendem Umformgrad wird diesem Vorgang eine zunehmende Stauchung überlagert. An der oberen rechten und der unteren linken Ecke des Probenquerschnitts legt sich der Werkstoff von der Mantelfläche an die Stauchbahn an. Das Werkstück wird also nicht gleichmäßig über seinen Querschnitt verformt. Es tritt nur eine geringe Neigung der Mantelflächen auf.

Bei dem Neigungswinkel $\alpha = 45°$ bildet sich bei kleinem Stauchgrad eine den höheren Winkeln ähnliche Formänderungsverteilung aus. Mit zunehmender Umformung ($|\varphi_y| > 0{,}3$) entstehen auch in der zweiten Diagonalen Bereiche größerer Verformung. Die Formänderungsverteilung wird ungleichmäßiger und zeigt schon eine Ähnlichkeit zum Stauchen mit nicht geneigten Stauchbahnen. Aus Bild 40 wird ebenfalls ersichtlich, daß mit abnehmendem Stauchbahnneigungswinkel die Ausbauchung der Mantelfläche zunimmt.

Die visioplastischen Untersuchungen haben weiterhin bestätigt, daß der Mittelpunkt der Probe relativ zu allen anderen Punkten des Querschnitts in Ruhe bleibt. Die in Abschn. 6.1.1 gemachte Annahme zweier, mit halber Stempelgeschwindigkeit bewegter Werkzeugbahnen ist daher gerechtfertigt.

Stichversuche mit einem Schmierstoff, bei dem eine größere Reibzahl gemessen wurde, ergaben keine wesentlichen Unterschiede in Liniennetzverzerrung und Formänderungsverteilung.

Relativgeschwindigkeit in der Wirkfuge

Aus dem berechneten Geschwindigkeitsfeld (s.o.) läßt sich die Geschwindigkeitskomponente v_x an den Stirnflächen ermitteln. Die Relativgeschwindigkeit in der Kontaktfläche wird unter Zuhilfenahme der Tangentialgeschwindigkeit v_t des Werkzeuges nach Gl. (22) berechnet.

Die Geschwindigkeit des oberen, bewegten Stempels v_{Wz} wurde aus aufgezeichneten Weg - Zeit - Verläufen bestimmt. Bei $\alpha = 45°$ wurde $v_{Wz} = 34$ mm/s, bei 70° $v_{Wz} = 43$ mm/s und bei 80° $v_{Wz} =$ 50 mm/s gemessen. Daraus ergeben sich Tangential- und Normalgeschwindigkeit nach den Beziehungen:

$$v_t = v_{Wz} \cdot \sin\alpha \qquad (43)$$

$$v_n = v_{Wz} \cdot \cos\alpha \qquad (44)$$

Für die Berechnung der Geschwindigkeitsverteilungen wird nun die zuvor zu $v_n = 1$ normierte Geschwindigkeit durch den jeweils nach Gl. (44) berechneten Wert ersetzt und die entsprechende Tangentialgeschwindigkeit nach Gl. (43) in Gl. (22) eingesetzt.

Die Verläufe der Werkstoffgeschwindigkeitskomponente v_x, der Relativgeschwindigkeit v_{rel} und der über der Probenbreite gemittelten Relativgeschwindigkeit $\overline{v}_{rel}$ sind in den Bildern 41 bis 43 dargestellt. Beim Neigungswinkel $\alpha = 45°$ wird die Verteilung der Relativgeschwindigkeit zunehmend ungleichmäßiger mit steigender Umformung. Bei $|\varphi_y| = 0{,}54$ schneidet die Kurve von v_{rel} die x - Achse. An diesem neutralen Punkt innerhalb der Kontaktzone liegt eine Geschwindigkeitsumkehrung vor.

Bei den Neigungswinkeln $\alpha = 70°$ und 80° tritt kein neutraler Punkt auf. Die Annäherung der Relativgeschwindigkeit v_{rel} durch deren Mittelwert $\overline{v}_{rel}$ wird zunehmend besser.

Das Ziel der Erzeugung gleichmäßiger Geschwindigkeitsverhältnisse an beiden Kontaktflächen konnte für Stempelneigungswinkel $\alpha \geq 70°$ erreicht werden. Für diesen Fall liegt bei entgegengesetzt gerichteten Geschwindigkeiten an beiden Stirnflächen keine Haftzone vor.

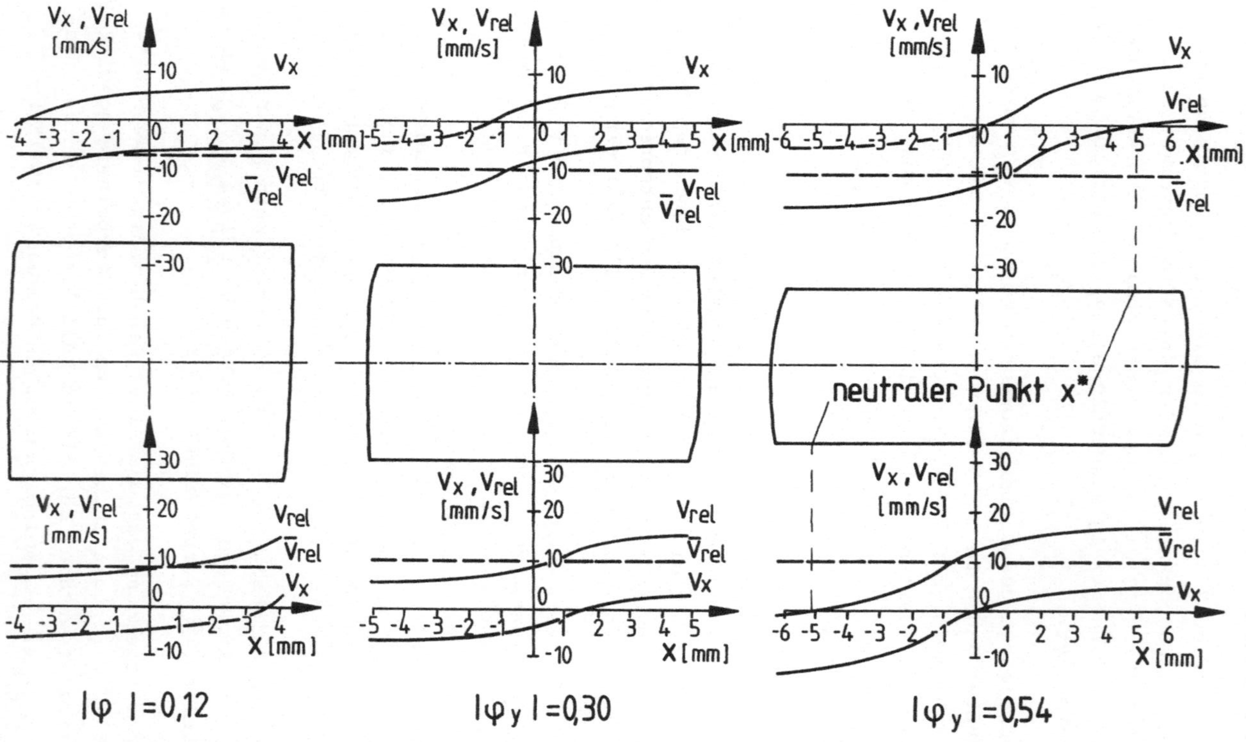

Bild 41: Geschwindigkeitsverteilungen in der Reibfuge beim Schrägstauchen mit $\alpha = 45°$.

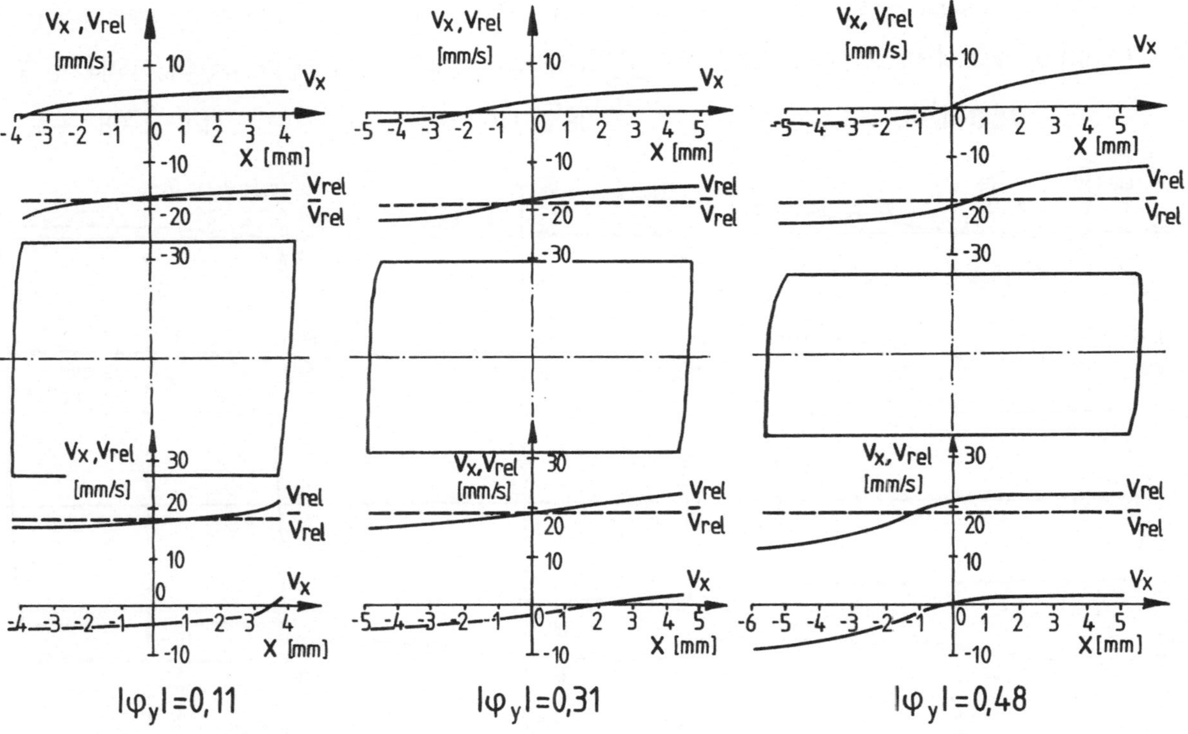

v_x : Werkstoffgeschw. (n. Visioplasticty Meth.); v_{rel}, ($\bar{v}_{rel}$) : (gemittelte) Relativgeschw. (n. Gl. 22)

Bild 42: Geschwindigkeitsverteilungen in der Reibfuge beim Schrägstauchen mit $\alpha = 70°$.

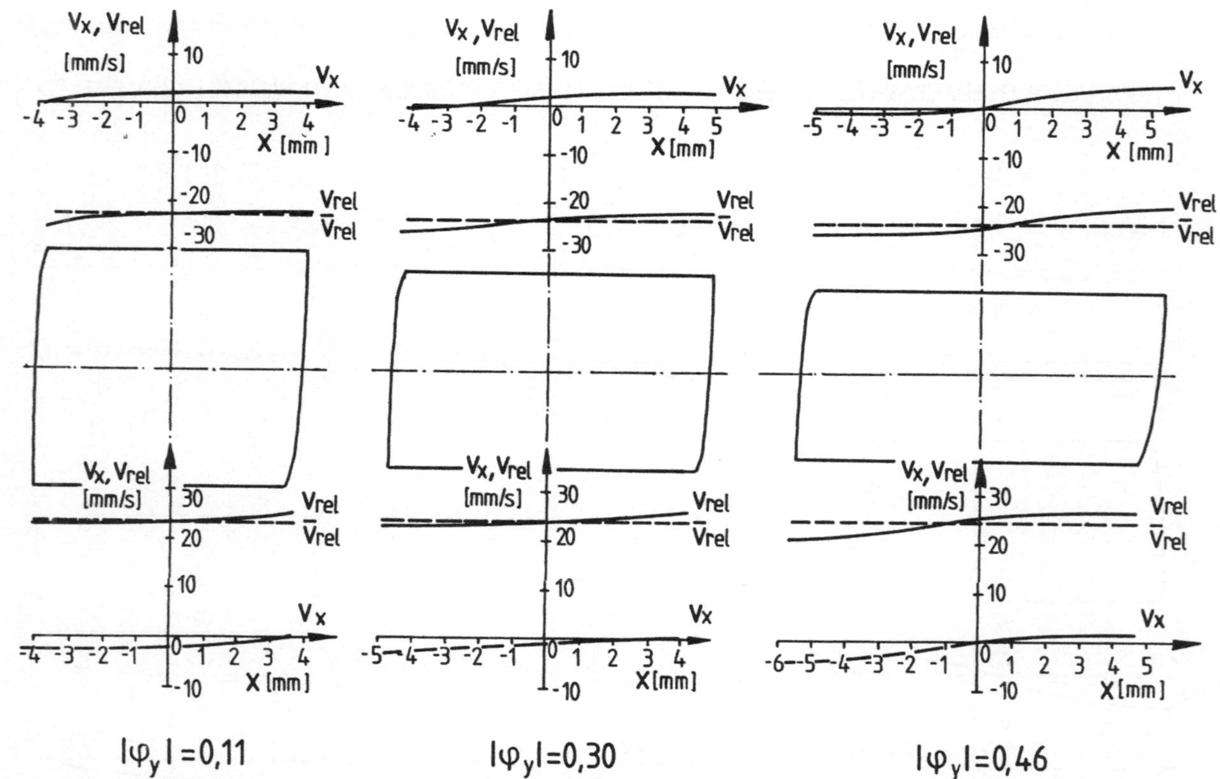

Bild 43: Geschwindigkeitsverteilungen in der Reibfuge beim Schrägstauchen mit $\alpha = 80°$.

6.2 Experimentelle Reibzahlbestimmung

Die theoretischen Betrachtungen haben gezeigt, daß eine Schmierstoffprüfung anhand von Abmessungsänderungen (Mantelflächenneigung, Stauchgrad) der Stauchprobe nicht durchführbar ist. Die Reibzahl wird daher aus dem Gleichgewicht der an den Stauchprobenstirnflächen und am Schrägstauchwerkzeug angreifenden Kräfte ermittelt. Als geeignete Stempelneigungswinkel ergaben sich aus den visioplastischen Untersuchungen (vgl. Abschn. 6.1.2) $\alpha = 70°$ und $\alpha = 80°$.

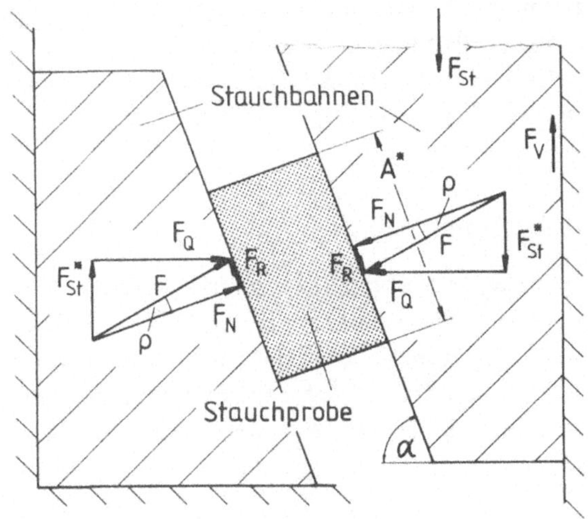

Bild 44: Kräftegleichgewicht beim Schrägstauchen.

Bild 44 zeigt die an der Stauchprobe angreifenden Kräfte Stempelkraft F_{St}^*, Querkraft F_Q, Normalkraft F_N und Reibkraft F_R. Durch die Abwärtsbewegung des oberen Stempels tritt an der Gleitführungsbahn zusätzlich die Verlustkraft F_V auf. Die von der Presse aufzubringende gesamte Stempelkraft beträgt somit:

$$F_{St} = F_{St}^* + F_V \tag{45}$$

Die über der Probenstirnfläche gemittelte Reibzahl μ ergibt sich aus dem Kräftegleichgewicht von Stempel- und Querkraft:

$$\tan (\alpha - \rho) = F_Q / F_{St}^* \tag{46}$$

Mit Gln. (45) und (13) ergibt sich:

$$\mu = \frac{\tan\alpha - F_Q / (F_{St} - F_V)}{1 + \tan\alpha \cdot F_Q / (F_{St} - F_V)} \qquad (47)$$

Die Flächenpressung wird mit $A^* \simeq A_O \cdot e^{|\varphi_y|}$ berechnet:

$$p_m = \frac{F_N}{A^*} = \frac{F_Q \cdot \sin\alpha + (F_{St} - F_V) \cdot \cos\alpha}{A_O \cdot e^{|\varphi_y|}} \qquad (48)$$

Zur Berechnung von Reibzahl und Flächenpressung bei einem Schrägstauchvorgang müssen die Stempelkraft F_{St}, die Querkraft F_Q sowie die an der Führungsbahn durch Reibung verursachte Verlustkraft F_V gemessen werden.

6.2.1 Versuchsaufbau

Das Versuchswerkzeug zum Schrägstauchen besteht im wesentlichen aus einem teilbaren Rahmen, welcher die hohen Querkräfte aufnimmt, einem auswechselbaren Stempelpaar mit Neigungswinkeln $\alpha = 45°$, $60°$, $70°$ und $80°$, einer Vorspanneinrichtung und den Kraftmeßdosen für Stempelkraft F_{St} und Querkraft F_Q. Eine Skizze der Versuchseinrichtung ist in Bild 45 dargestellt.

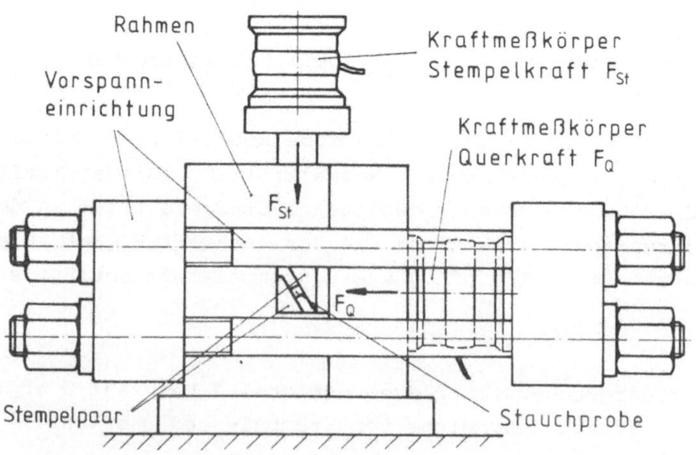

Bild 45: Skizze des Schrägstauchwerkzeuges.

Die Führung des beweglichen oberen Stauchstempels übernehmen zwei im Rahmen verschraubte, gehärtete Gleitbahnen. Der untere Stempel sitzt fest im Gehäuse. Die beiden Rahmenhälften werden über die Vorspanneinrichtung durch Zuganker mit einer Kraft von etwa 300 kN gegeneinander gepreßt. Die dort eingesetzte Kraftmeßdose hat einen Meßbereich von 1000 kN.

Zur Messung der Stempelkraft F_{St} wird eine Kraftmeßdose mit einer maximalen Belastbarkeit von 400 kN auf den beweglichen Stempel aufgesetzt.

Die Ausgangssignale beider Kraftmeßkörper sowie eines induktiven Weggebers werden über Meßbrücken auf zwei x-y-Schreiber gegeben, welche die Kraft - Weg - Verläufe aufzeichnen. Bei der Querkraft wird nur der Anteil aufgezeichnet, der größer als die Vorspannkraft ist.

Die Versuchsprobe wird durch die seitliche Aussparung im Rahmen eingelegt und entnommen.

Das Schrägstauchwerkzeug wird in den Arbeitsraum einer hydraulischen Presse mit 630 kN Nennkraft (Fabrikat: Lasco) eingebaut und auf dem Pressentisch verschraubt. Die Stößelgeschwindigkeit der Presse ist zwischen etwa 15 mm/s und 60 mm/s einstellbar.

6.2.2 Werkstoffe

Die Werkstücke wurden aus blankgezogenem Stahl St 37-2 mit quadratischem Querschnitt (Kantenlänge: 8 mm) auf eine Länge von 60 mm abgesägt. Die Fließkurven des Werkstoffs, der in zwei verschiedenen Lieferungen vorlag, sind in Bild 46 aufgetragen.

Die Fließspannung weist den für vorverfestigten Werkstoff typischen steilen Anstieg mit der folgenden leichten Abnahme zu mittleren Umformgraden hin auf [56, 63] (vgl. Abschn. 5.2.3).

Die Stempelpaare wurden aus dem Werkzeugstahl X 155 CrVMo 12 1 (Werkst. Nr. 1.2379) hergestellt und auf ≈ 60 HRC gehärtet.

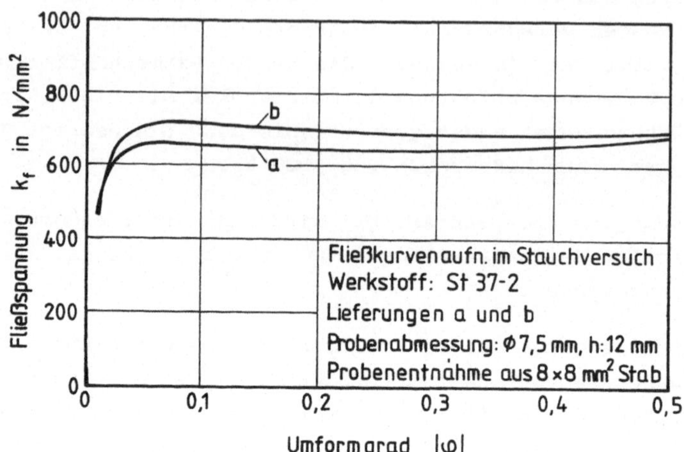

Bild 46: Fließkurven des Versuchswerkstoffes St 360-2.

6.2.3 Schmierstoffe

Bei den Schrägstauchversuchen wurden mit Ausnahme des Schmierstoffes S7 die auch beim Ziehdrücken verwendeten Schmierstoffe (vgl. Abschn. 5.2.4) eingesetzt. Die Zusammensetzung der Mineralölschmierstoffe S1 bis S4 geht aus Tabelle 4 hervor. Die Schmierstoffe S5 und S6 sind Polymerwachsemulsionen mit zwei verschiedenen Emulgatoren und jeweils 35% Festkörperanteil.

6.2.4 Versuchsdurchführung

Das Schrägstauchwerkzeug wurde auf dem Pressentisch einer hydraulischen Presse mit seiner Grundplatte verschraubt. Nach Einsetzen der Querkraftmeßdose (vgl. Bild 45) zwischen Rahmen und Druckplatte der Vorspanneinrichtung in Höhe der Stauchprobe wurde über die Zuganker eine Vorspannkraft von etwa 300 kN aufgebracht. Das Einlegen und Herausnehmen der unteren Stauchbahn kann im vorgespannten Zustand erfolgen. Der obere Stauchstempel mit der aufgesetzten Kraftmeßdose wird zwischen die Führungsbahnen eingesetzt und ist dort in vertikaler Richtung frei beweglich.

Vor Versuchsbeginn war zunächst die Verlustkraft F_V an der Stempelführung zu bestimmen. Infolge der nach rechts gerichteten Querkraft tritt F_V nur an der rechten Gleitbahn auf. Unter der Annahme Coulomb'scher Reibung an der Führungsfläche (Bild 45) ist F_V von der Querkraft F_Q abhängig:

$$F_V = \mu_V \cdot F_Q \qquad (49)$$

Zur Messung der Verlustreibung wurde zwischen die linke Führungsplatte und den beweglichen Stempel ein Nadellager eingelegt. Die beiden Rahmenhälften wurden bei eingesetztem Stempel über die Zuganker gegeneinander verspannt. Die maximale Belastbarkeit der Nadelkäfige begrenzte die höchste aufzubringende Querkraft auf 100 kN. Für die Reibung im Nadellager wurde eine Reibzahl μ_L = 0,005 angenommen [58]. Aus der reinen Verschiebung des Stempels zwischen Lager und rechter Gleitbahn wurde durch die aufgesetzte Meßdose die dafür benötigte Kraft F_{St} ermittelt. Aus einer Versuchsreihe mit stufenweise um 10 kN bis 100 kN gesteigerter Querkraft F_Q ergab sich nach

$$\mu_V = F_{St} / F_Q - \mu_L \qquad (50)$$

eine konstante Reibzahl in der Führungsfläche von μ_V = 0,045. Versuche, die Gleitführungen durch Rollenführungen zu ersetzen, scheiterten an deren begrenzter Belastbarkeit.

Das genaue Einlegen der geschmierten Probe zwischen die Stempelflächen senkrecht zur Stauchrichtung geschieht unter Zuhilfenahme eines Rundstabes (Ø 4 mm). Dieser wird in dem von Rahmenaussparung und unterer Stempelfläche gebildeten Winkel angelegt und fixiert die auf der Schräge darüberliegende Probe. Vor Versuchsbeginn fährt der obere Stempel auf die Probe und hält sie durch sein Eigengewicht in dieser Position. Der Rundstab kann nun aus dem Rahmen entfernt werden.

Durch Betätigen der Presse fährt der Maschinenstößel auf die Kraftmeßdose auf dem Stempel und leitet den Schrägstauchvorgang ein. Die Begrenzung des Stößelweges, bzw. des Stauchgrades auf $|\varphi_y|_{max} \approx 0{,}5$ erfolgt über Festanschläge und auswechselbare Distanzscheiben. Die Stößelgeschwindigkeit der Presse wurde zwischen v_{St} = 20 mm/s und v_{St} = 47 mm/s verändert.

Das Aufbringen des Schmierstoffs erfolgte bei den Flüssigschmierstoffen mit einem Pinsel, wobei auf möglichst gleichmässige Filmdicke zu achten war. Die Polymerwachsemulsionen wurden auf 60 °C erhitzt und durch Eintauchen der Proben auf deren Oberfläche aufgebracht. Sie bildeten nach dem Trocknen einen festen Film. Die Stauchbahnen wurden vor Verwendung eines anderen Schmierstoffes mit Aceton gereinigt.

6.2.5 Versuchsauswertung

Die beim Schrägstauchen auftretenden Stempel- und Querkräfte wurden wegabhängig von zwei x-y-Schreibern aufgezeichnet. Bild 47 zeigt die Kraft - Weg - Verläufe für F_{St} und F_Q während eines Schrägstauchvorganges mit dem Neigungswinkel $\alpha = 70°$. Bei Vorgangsbeginn wird zunächst ein Anstieg beider Kräfte bis zur Überwindung der Haftreibung in der Führungsfläche beobachtet. Es folgt ein weiterer Kraftanstieg mit zunehmender Umformung bis zum Erreichen eines Maximums. Von dort aus bleiben die Kräfte konstant bis zum Auffahren des Maschinenstößels auf die Festanschläge. Die Wegdifferenz beim Entlasten folgt aus

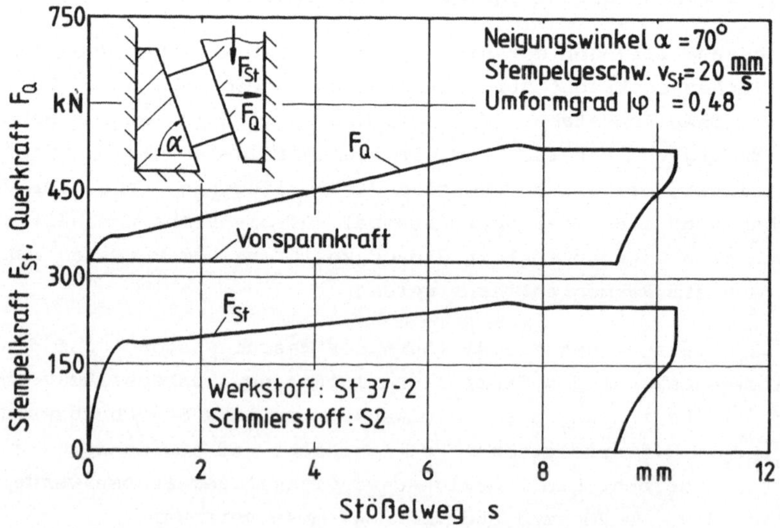

Bild 47: Kraft - Weg - Verläufe beim Schrägstauchen.

der elastischen Rückfederung der Elemente der Vorspanneinrichtung.

Der Stößelweg zwischen dem ersten Kraftmaximum und dem Endwert nach Entlastung ist proportional zum Umformgrad. Aus nur einem Schrägstauchversuch mit Kraftmessung bis zum maximalen Umformgrad läßt sich nach Gl. (47) die Reibzahl für jeden dazwischenliegenden Stauchgrad ermitteln. Unter Berücksichtigung der Verlustreibkraft in der Stempelführung nach Gl. (49) wurde die Reibzahl jeweils für fünf Umformgrade zwischen $|\varphi| = 0{,}05$ und $|\varphi|_{max}$ berechnet. Daraus ergaben sich Kurvenverläufe, welche die Abhängigkeit der Reibzahl vom Umformgrad darstellen.

Ausreichende Genauigkeit wurde durch dreimaliges Wiederholen der Versuche unter gleichen Bedingungen erreicht (vgl. Abschn. 7.2).

Die Stößelgeschwindigkeit der hydraulischen Presse wurde beim Neigungswinkel $\alpha = 70°$ auf 20 mm/s und 40 mm/s verändert. Bei $\alpha = 80°$ wurde eine niedrigere Stößelkraft benötigt, so daß bei gleicher Einstellung der Maschine Geschwindigkeiten von 23 mm/s und 47 mm/s gemessen wurden. Die Relativgeschwindigkeit in der Wirkfuge wurde unter Zugrundelegen dieser Werte aus den Gln. (19) und (22) sowie der Ergebnisse der visioplastischen Untersuchungen berechnet.

Der Aufbau der Schmierstoffe (vgl. Tabelle 4) ermöglicht die Darstellung der Abhängigkeit der Reibzahl von Viskosität und Additivierung.

6.2.5.1 Abhängigkeit der Reibzahl vom Umformgrad

Die experimentelle Ermittlung der Reibzahl wurde beim Schrägstauchen mit Stauchbahnneigungswinkeln $\alpha = 70°$ und $\alpha = 80°$ durchgeführt. Beide Winkel erzeugen ausreichend gleichmäßige Geschwindigkeitsverteilungen in der Reibfuge (vgl. Abschn.6.1.2) Bild 48 zeigt die ermittelten Abhängigkeiten der Reibzahl vom Umformgrad beim Winkel $\alpha = 70°$. Die Stempelgeschwindigkeit betrug 20 mm/s.

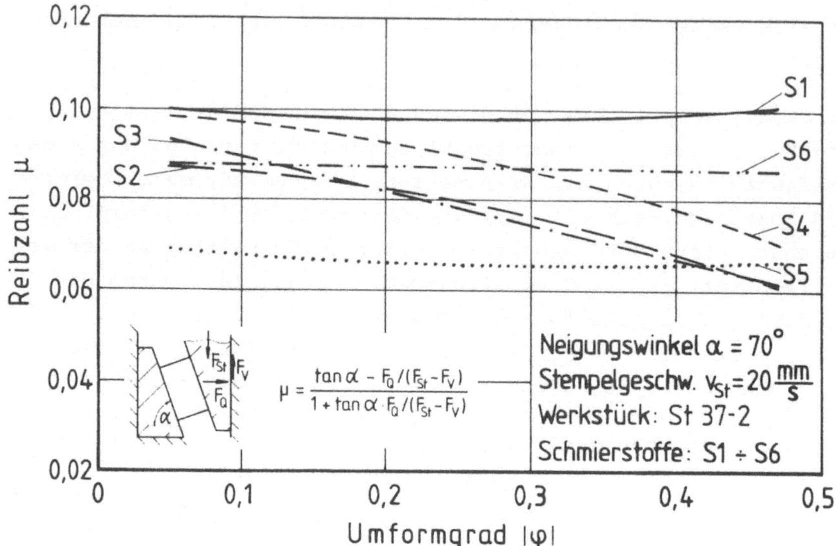

Bild 48: Abhängigkeit der Reibzahl vom Umformgrad (α = 70°).

Auffallend ist zunächst die niedrige Reibzahl beim Schrägstauchen gegenüber dem Streifenziehen. Dies ist auf die unterschiedlichen Umformverhältnisse und tribologischen Bedingungen mit großen, hydrodynamischen Schmieranteilen zurückzuführen (vgl. Kap. 7).

Schmierstoff S1 erzeugt die größte Reibzahl mit nahezu konstanten Werten bei zunehmendem Umformgrad. Der leichte Anstieg bei maximaler Stauchung ist mit dem Auftreten adhäsiven Verschleisses auf den Stempelflächen verbunden.

Die Flüssigschmierstoffe S2 bis S4 zeigen abnehmende Reibzahlen mit steigendem φ. Die zunehmende Umformtemperatur bewirkt eine Abnahme der Viskosität und damit der Reibung. Die sehr ähnlichen Verläufe der drei Schmierstoffe weisen darauf hin, daß das Phosphoradditiv in S3 und S4 nicht reibungsmindernd zur Wirkung kommt.

Die beiden Polymerwachsemulsionen S5 und S6 zeigen einen konstanten Verlauf mit zunehmendem Umformgrad. Eine minimale Reibzahl ergab sich, wie beim Ziehdrücken, für S5. Temperaturänderungen spielen für das Schmierverhalten der Wachse scheinbar keine Rolle. Der verwendete Emulgator hat aber Einfluß auf die Höhe der Reibung.

Durch Schrägstauchen mit dem Neigungswinkel α = 80° ändert sich die Relativgeschwindigkeit in der Reibfuge. Für diesen Fall ergeben sich die in Bild 49 gezeigten Abhängigkeiten der Reibzahl vom Umformgrad.

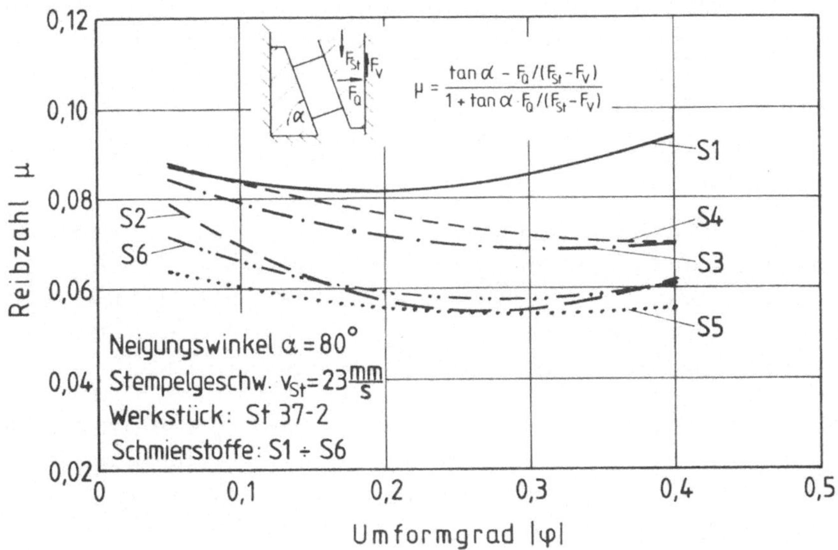

Bild 49: Abhängigkeit der Reibzahl vom Umformgrad (α = 80°).

Gegenüber dem kleineren Werkzeugwinkel werden bei allen Schmierstoffen niedrigere Reibzahlen beobachtet. Bei S1 trat die höchste Reibung auf und der schwache Anstieg der Reibzahl zum größten Umformgrad hin deutet Verschleißerscheinungen am Werkzeug an. Dies gilt auch für die Polymerwachse, bei denen zwar auch hier niedrige Reibzahlen auftraten, Verschleiß aber nicht verhindert werden konnte. Die Schmierstoffe S2 bis S4 können auch bei der erhöhten Geschwindigkeit eine vollständige Trennung von Werkstück und Werkzeug gewährleisten (vgl. Abschn.8.2).

Die Unterschiede in der Reibung beim Schrägstauchen mit $\alpha = 70°$ und 80° resultieren ausschließlich aus der Veränderung der Relativgeschwindigkeit und der damit verbundenen Erscheinungen (z.B. Temperaturerhöhung). Die Flächenpressung hat keinen wesentlichen Einfluß. Sie nimmt bei einer Steigerung des Umformgrades von $|\varphi| \approx 0{,}1$ auf $\approx 0{,}5$ im Mittel um 4% zu. Die ermittelten Werte lagen zwischen 720 N/mm² und 790 N/mm², unabhängig vom Neigungswinkel oder von bestimmten Schmierstoffen.
Daher eignet sich dieser Versuch gut zur Ermittlung des Geschwindigkeitseinflusses auf die Reibung beim Stauchen. Andere Versuchsparameter werden nicht gleichzeitig verändert.

6.2.5.2 Abhängigkeit der Reibzahl von der Relativgeschwindigkeit

Zur Ermittlung des Relativgeschwindigkeitseinflusses wurde die Stößelgeschwindigkeit der hydraulischen Presse auf die in Abschn. 6.2.5 genannten Werte eingestellt. Aus den visioplastischen Untersuchungen und den Gln. (19) und (22) wurde die Relativgeschwindigkeit in der Reibfuge berechnet.

Bei $\alpha = 70°$ ergaben sich $\bar{v}_{rel} = 6$ mm/s (bei $v_{St} = 20$ mm/s) und $\bar{v}_{rel} = 16$ mm/s (bei $v_{St} = 40$ mm/s). Beim Stauchbahnneigungswinkel $\alpha = 80°$ wurden entsprechend $\bar{v}_{rel} = 11$ mm/s (bei $v_{St} = 23$ mm/s) und $\bar{v}_{rel} = 23$ mm/s (bei $v_{St} = 47$ mm/s) berechnet.

Bei diesen Werten handelt es sich um über die Probenbreite gemittelte Relativgeschwindigkeiten $\bar{v}_{rel}$ (vgl. Bilder 41 bis 43). Sie gelten für einen Umformgrad von $|\varphi| \approx 0{,}4$. Bild 50 zeigt die Verläufe der Reibzahl μ mit steigender Relativgeschwindigkeit.

Bei allen Schmierstoffen hat eine Geschwindigkeitserhöhung eine Abnahme der Reibzahl zur Folge. Der stärkste Abfall um etwa 37 % bei gleichzeitig höchster Reibung ist bei S1 zu beobachten. Der Schwefelzusatz im Schmierstoff S2 bewirkt eine geringe Geschwindigkeitsempfindlichkeit der Reibzahl (Abnahme um etwa 11 %). Auch die Schmierstoffe S3 und S4 mit Phosphoradditiv zeigen nur eine kleine Abnahme der Reibung.

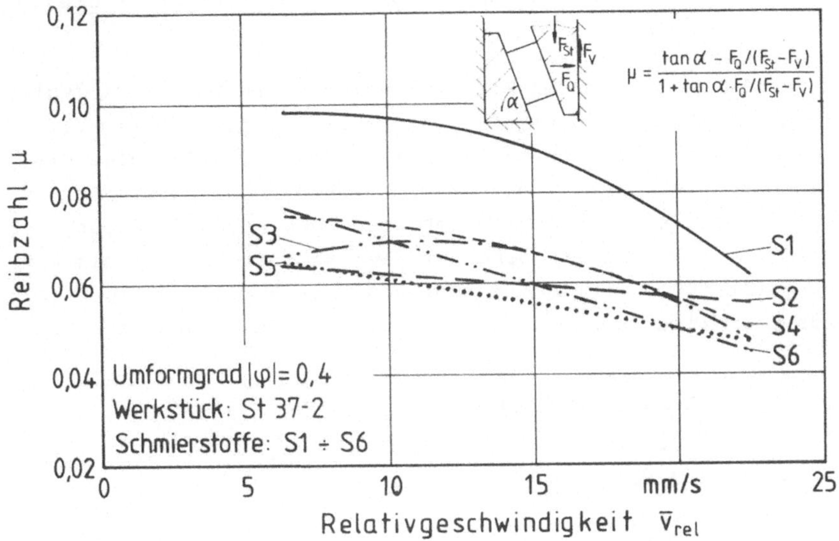

Bild 50: Abhängigkeit der Reibzahl von der Relativgeschwindigkeit.

Die Polymerwachsemulsionen S5 und S6 reagieren auf die Geschwindigkeitserhöhung ebenfalls mit einer Verringerung der Reibung. Bei den einzelnen Schrägstauchvorgängen bis $\bar{v}_{rel}$ = 16 mm/s (vgl. Bilder 48 und 49) lieferten diese Schmierstoffe konstante Reibzahlen. Es kann also vermutet werden, daß sich diese Wachse unter Druck- und Temperatureinwirkung wie Flüssigschmierstoffe verhalten, so daß bei Geschwindigkeitszuanhme abnehmende Reibung auftritt.

Ein Einfluß der Umformtemperatur ist bis zu $\bar{v}_{rel}$ = 16 mm/s nicht feststellbar. Bei Schrägstauchversuchen mit $\alpha = 80°$ und v_{St} = 47 mm/s ($\bar{v}_{rel}$ = 23 mm/s) war die Temperaturentwicklung so groß, daß beide Wachse bei nahezu identischen Verläufen eine stark abnehmende Reibzahl bei Erhöhung des Umformgrades zeigten.

6.2.5.3 Einfluß von Viskosität und Additivierung auf die Reibzahl

Ein Vergleich der beiden Flüssigschmierstoffe S3 und S4 (vgl. Tabelle 4) ermöglicht eine Aussage über den Einfluß der Viskosität auf die Reibung beim Schrägstauchen. Bild 51 zeigt die ermittelten Reibzahlen beim Umformgrad $|\varphi| = 0,4$ und unterschiedlichen Relativgeschwindigkeiten. Der niedrigviskose Schmierstoff S3 liefert besonders bei kleiner Geschwindigkeit eine geringfügig verminderte Reibung. Ein ähnliches Ergebnis wurde beim Ziehdrücken in Abschn. 5.2.6.5 festgestellt.

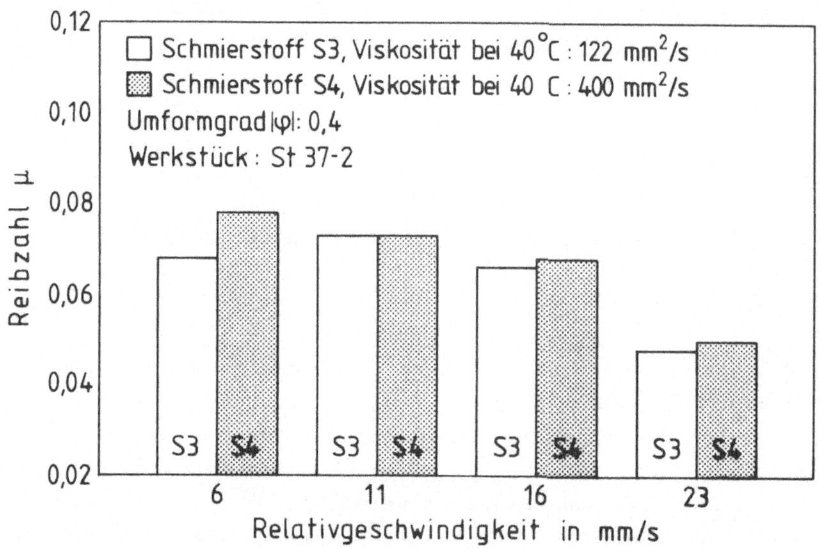

Bild 51: Einfluß der Viskosität auf die Reibzahl bei verschiedenen Relativgeschwindigkeiten.

Eine Gegenüberstellung der Schmierstoffe S1 bis S3 dient der Untersuchung des Einflusses der Additivierung auf die Reibzahl. Bild 52 zeigt die beim Umformgrad $|\varphi| = 0,4$ für die Relativgeschwindigkeiten 6 mm/s und 23 mm/s ermittelten Werte.
Es wird deutlich, daß Schmierstoff S1 mit Chlorzusatz die höchsten Reibzahlen liefert, die bis zu $\overline{v}_{rel} = 16$ mm/s nahezu konstant sind. Die weitere Geschwindigkeitssteigerung hat eine

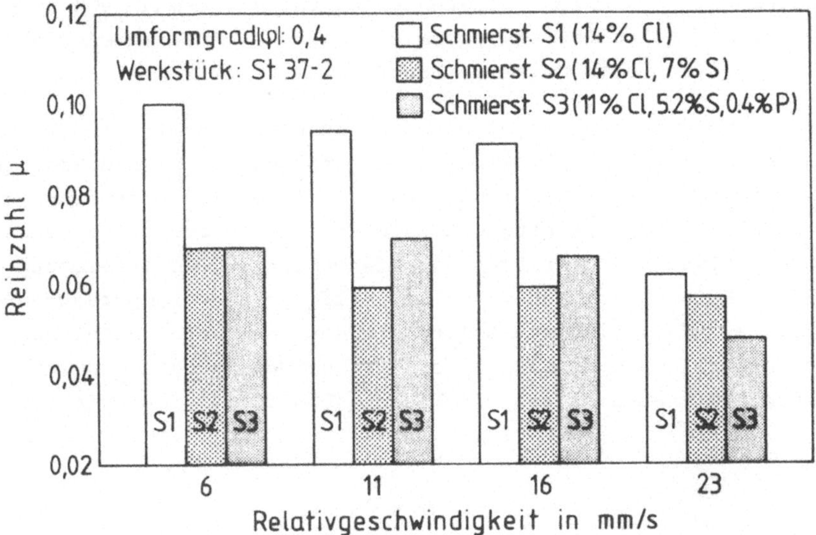

Bild 52: Einfluß der Additivierung auf die Reibzahl bei verschiedenen Relativgeschwindigkeiten.

erhebliche Reibzahlabnahme zur Folge, was bei einem Viskositätsindex von VI 60 auf die sinkende Viskosität zurückgeführt werden kann.

Beim Schmierstoff S2 ist zwischen $\overline{v}_{rel}$ = 6 mm/s und 11 mm/s eine gleichgroße Reibzahlabnahme wie bei S1 zu verzeichnen. Zu höheren Geschwindigkeiten hin bleibt die Reibung konstant. Dieser Verlauf läßt sich einerseits durch den gegenüber S1 relativ hohen Viskositätsindex von VI 80 erklären, der einen erheblich geringeren Viskositätsabfall mit steigender Temperatur beschreibt. Andererseits wird angenommen, daß die gebildete Eisensulfidschicht höhere Reibung hervorruft (vgl. Abschn. 8.2 und Abschn. 5.2.6.5, Bild 28) und so den reibungsvermindernden Effekt geringerer Viskosität aufhebt.

Beim Schmierstoff S3, der die Bildung einer verschleißhemmenden Eisenphosphidschicht ermöglicht, sind ähnliche gegenläufige Tendenzen abnehmender Viskosität und der reibungsvermehrenden

Schichtbildung bis zu mittleren Geschwindigkeiten zu beobachten. Bei der maximalen Relativgeschwindigkeit $\overline{v}_{rel} = 23$ mm/s tritt eine deutlich verminderte Reibzahl auf.

Bei den vorgenannten Schmierstoffuntersuchungen mit dem Verfahren des Schrägstauchens wirkt sich aufgrund der nahezu konstanten Flächenpressung neben der Geschwindigkeit hauptsächlich die Temperatur in der Reibfuge auf die Ergebnisse aus. Eine eingehende Analyse der Einflüsse von Viskosität und Additivierung auf die Reibung ist daher nur mit Hilfe genauer Temperaturmeßverfahren möglich. Diese sollten in der Lage sein, nicht nur die integrale Oberflächentemperatur, sondern auch die auftretenden Blitztemperaturen von bis zu 1000 °C [59] zu erfassen.

7 Vergleich der Verfahren Ziehdrücken und Schrägstauchen

Die beiden neuen Schmierstoffprüfverfahren Ziehdrücken (vgl. Kap. 5) und Schrägstauchen (vgl. Kap. 6) sind hinsichtlich der gestellten Anforderungen, der vorliegenden tribologischen Bedingungen, der Ergebnisse und der Möglichkeit der Differenzierung der Schmierstoffe völlig verschieden. Dieses Kapitel verdeutlich anhand eines Vergleiches der beiden Verfahren den Versuchsaufwand, die Genauigkeit der Ergebnisse und die Anwendungsgrenzen hinsichtlich der erreichbaren tribologischen Beanspruchungen. Eine Gegenüberstellung mit herkömmlichen Schmierstoffprüfverfahren sowie mit den Verfahren der Kaltmassivumformung ermöglicht eine Aussage über die Übertragbarkeit der Ergebnisse der neuen Modellversuche.

7.1 Versuchsaufwand

Der Gesamtaufwand für Versuche mit den Vorrichtungen zum Ziehdrücken und Schrägstauchen gliedert sich auf in Kosten zur Erstellung der Werkzeuge, Kosten für die eigentlichen Versuche und den Zeitaufwand zur Versuchsdurchführung und Auswertung.

Voraussetzung zur Durchführung von Schmierstoffprüfversuchen ist das Vorhandensein einer entsprechenden Maschine (hydraulische Presse). Das Ziehdrücken erfordert bei den gegebenen Abmessungen eine Preßkraft von maximal 360 kN, während beim Schrägstauchen 300 kN benötigt werden. Beim Ziehdrücken wird jedoch ein Arbeitsraum von mindestens 750 mm Höhe gefordert, der i. allg. nur bei Pressen größerer Bauart zur Verfügung steht. Für den Einbau des Schrägstauchwerkzeuges reicht eine Arbeitsraumhöhe von 350 mm aus. Bei einem Kostenvergleich sind daher auch die evtl. entstehenden Produktionsausfallzeiten an den Pressen und die damit verbundenen Kosten zu berücksichtigen.

Die Herstellkosten des Ziehdrückwerkzeuges einschließlich des benötigten Hydraulikaggregates liegen, wie schon ein Vergleich der Zusammenstellungszeichnungen (Bilder 11 und 45) zeigt, weit höher als beim Schrägstauchwerkzeug. Das Kostenverhältnis beträgt etwa 12 : 1.

Die Versuchsproben zum Ziehdrücken sind aufgrund ihres gegenüber den Schrägstauchproben 15-fachen Gewichts ebenfalls teurer. Zur Probenvorbereitung beim Ziehdrücken werden zusätzlich ein Flachstauchwerkzeug (vgl. Abschn. 5.2.5) und eine Presse mit mindestens 1300 kN Preßkraft (z. B. Einsenkpresse) benötigt.

Der Zeitaufwand für Versuche mit beiden Vorrichtungen teilt sich auf in Versuchsvorbereitung (Einbau der Werkzeuge, Einrichten), Versuchsdurchführung (mit Probenvorbereitung) und Auswerten der Ergebnisse.

Die Versuchsvorbereitung erfordert beim Schrägstauchen etwa 2 Stunden, beim Ziehdrücken 3 Stunden. Die Zeit für die Versuchsdurchführung ist von der Anzahl der benötigten Einzelversuche abhängig. Beim Schrägstauchen sind zur Ermittlung der Abhängigkeit der Reibzahl vom Umformgrad drei Versuche notwendig, während beim Ziehdrücken je zwei Versuche bei mindestens vier Umformgraden durchgeführt werden müssen (vgl. Abschn. 7.2). Zur Prüfung eines Schmierstoffes werden daher beim Schrägstauchen etwa 60 Minuten benötigt, während beim Ziehdrücken mit einer Gesamtzeit von 120 Minuten gerechnet werden muß.

Aus diesem Vergleich ergeben sich höhere Anforderungen an Kapital- und Zeiteinsatz für das Ziehdrücken. Es ist aber zu berücksichtigen, daß dieses Verfahren hinsichtlich seiner Aussagefähigkeit für die Kaltmassivumformung Vorteile bietet (vgl. Abschn. 7.4).

7.2 Reproduzierbarkeit

Bei der Schmierstoffprüfung mit den beiden neuen Verfahren liegen Fehlerquellen einerseits in nur ungenau bestimmbaren Verlustkräften im Werkzeug und andererseits in der Auswertung der Kraftaufzeichnungen.

Bei der Ziehdrückvorrichtung ist die Ziehbackenaufnahme mit den Säulen einseitig verschraubt (vgl. Bild 11). Die zur Messung der Querkraft erforderliche elastische Aufweitung vollzieht sich durch horizontales Gleiten der nicht verschraubten Rahmenseite auf einem Flachkäfig-Nadellager. Die so erzeugte Reibkraft kann unter der Annahme Coulomb'scher Reibung (μ = 0,005 , vgl. Abschn. 6.2.4) mit einer Normalkraft von $F_{ZD}/2$ abgeschätzt werden. Es ergibt sich ein Fehler der gemessenen Querkraft von 0,2%, so daß die Abweichung der Reibzahl unter 1% bleibt und somit vernachlässigt werden kann.

Größere Abweichungen der Reibzahl werden durch Fehler in der Kraftmessung und Kraftaufzeichnung verursacht. Der verwendete UV-Lichtstrahloszillograph ermöglicht eine Ablesegenauigkeit von ±0,5 mm, was einem Fehler von ± 5 % entspricht. Die ungünstigste Kombination der Einzelfehler (F_Q: ± 5% , F_Z und F_D: ± 5%) ergibt in einem Bereich niedriger Reibzahlen (hier wirken sich die Fehler stärker aus [38]) eine Abweichung der Reibzahl von etwa ± 8 %.

Aus Versuchsreihen mit 7 Versuchen unter gleichen Bedingungen wurde eine Abweichung der Reibzahl von ±9% ermittelt. Die Flächenpressung war mit einem Fehler von ± 4 % behaftet.

Die in Kap. 5 behandelten Ergebnisse mit der Ziehdrückeinrichtung basieren auf jeweils zweifach durchgeführten Versuchen. Die Abweichung vom Mittelwert betrug dabei maximal 12%, im Mittel ergaben sich ±6%.

Zur Auswertung der Schrägstauchversuche ist die Kenntnis der Verlustreibkraft in der Stempelführung notwendig (vgl. Abschn. 6.2.4). Zur Bestimmung der Reibzahl μ_V in der Führungsfläche nach Gl. (50) ist eine Annahme über die Reibzahl μ_L im Nadellager zu treffen. Eine Abweichung von μ_L um 10% resultiert in einem Fehler der Reibzahl in der Reibfuge der Umformzone von 4%.

Stempelkraft und Querkraft wurden bei den Schrägstauchversuchen von zwei x-y-Schreibern wegabhängig aufgezeichnet. Die Ablesegenauigkeit dieser Aufschriebe ist mit 0,25 mm sehr viel besser als bei der Aufzeichnung durch einen Lichtstrahloszillographen. Für die Berechnung der Reibzahl ergab sich dadurch ein Fehler von ± 2 %.

Zur Untersuchung der Wiederholgenauigkeit wurden Versuchsreihen mit sechs Schrägstauchversuchen unter gleichen Bedingungen durchgeführt. Bei beiden Stauchbahnneigungswinkeln ergab sich eine zunehmende Abweichung der Reibzahl mit steigendem Umformgrad. Die Fehler lagen zwischen ±5% bei $|\varphi| = 0{,}05$ und ±15% bei $|\varphi| = 0{,}5$. Daraus wird deutlich, daß die Ergebnisse beim Schrägstauchen bei geringerer möglicher Umformung mit einer größeren Streuung behaftet sind als beim Ziehdrücken. Zur Ermittlung der in Kap. 6 behandelten Ergebnisse wurden daher für jede Parametervariation 3 Versuche durchgeführt. Die Abweichung vom dargestellten Mittelwert betrug maximal 26 %, im Mittel ± 14 %.

Zum Abschluß sei noch erwähnt, daß die Genauigkeit der Ergebnisse beim Schrägstauchen erheblich vom Schmierstoffauftrag und damit von der Schmierfilmdicke abhängt. Ein sehr dicker Film (reichlich aufgetragener Schmierstoff) hatte bis zu 30% niedrigere Reibzahlen zur Folge. Es mußte daher auf einen möglichst gleichmäßigen Schmierstoffauftrag auf dem Werkstück geachtet werden. Andererseits machen diese Ergebnisse deutlich, daß beim Schrägstauchen Reibungsverhältnisse mit großen hydrodynamischen bzw. hydrostatischen Anteilen vorliegen und demnach gegenüber dem Ziehdrücken geringere Reibzahlen auftreten.

7.3 Anwendungsgrenzen

Die beiden neuen Verfahren Ziehdrücken und Schrägstauchen sind eine Ergänzung und Erweiterung des Spektrums heute einsetzbarer Schmierstoffprüfverfahren. Ihrer Anwendbarkeit sind Grenzen gesetzt, die teils durch betriebliche Gegebenheiten (vorhandene Presse, Meßeinrichtungen) teils durch die Verfahren selbst vorgegeben sind.

Wie alle üblichen Schmierstoffprüfverfahren für die Umformtechnik erfordern auch das Ziehdrücken und das Schrägstauchen entsprechend dimensionierte Pressen oder Prüfmaschinen. Ihr Kraftbedarf von 300 kN bzw. 360 kN liegt im normalen Rahmen.

Die Verfahrensgrenzen (vgl. Kap. 5 und 6), hauptsächlich aber die erreichbaren tribologischen Beanspruchungen bestimmen die verfahrensspezifischen Anwendungsgrenzen. Tabelle 5 gibt die

Tabelle 5: Maximalwerte der tribologischen Belastungsgrößen bei bekannten und neuen Schmierstoffprüfverfahren.

	Ringst. (Burgdorf) (eig. Versuche) 	Stauchen (Nittel) 	Stabzug (Pawelski) 	Streifenzug (Schlosser) (eig. Versuche) 	Streifenz. (Wiegand) 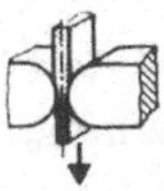	Streifenz. (Kawai) 	Zieh-Drücken (eig. Versuche) 	Schrägstauchen (eig. Versuche) 
$\bar{p}_{max}/k_{fm}$	1,7	1,9	1,9	1,8	1,6	1,6	2,8	1,3
v_{rel}/v_0	2	2	1,5	2	—	1,5	2,6	2,7
A_1/A_0	1,8	2,4	1,5	2,0	—	1,5	2,5	1,6

maximalen Beanspruchungsgrößen im Vergleich zu einigen bekannten Schmierstoffprüfverfahren (vgl. Kap. 3) wieder.

Beim Ziehdrücken wurde das Ziel größerer Umformung und damit höherer Flächenpressung und Oberflächenvergrößerung erreicht. Die mittlere, relative Flächenpressung bei einem Umformgrad von $\varphi = 0,1$ konnte gegenüber den üblichen Streifenziehverfahren um 50% bis 75% gesteigert werden und erreicht ihren Grenzwert beim 2,8-fachen der Fließspannung. Höhere Werte sind bei Verwendung anderer Werkstückwerkstoffe möglich.

Die Relativgeschwindigkeit steigert sich in der Umformzone abhängig vom Umformgrad um den Faktor 2,6. Wie bei allen Ziehverfahren ist aber auch hier eine Variation der Geschwindigkeit in den von der Presse vorgegebenen Grenzen möglich.

Die Oberflächenvergrößerung ist durch den maximalen Umformgrad von $\varphi = 0,93$ auf $A_1/A_0 = 2,5$ begrenzt. Sie liegt damit um 25% höher als bei früher durchgeführten Streifenziehversuchen mit dem Werkstoff X 5 CrNi 18 9 [49].

Die Anwendungsgrenzen des Schrägstauchens liegen hinsichtlich der erreichbaren Flächenpressung und Oberflächenvergrößerung deutlich niedriger als beim Ziehdrücken und den meisten üblichen Prüfverfahren. Die Relativgeschwindigkeit in der Wirkfuge hingegen konnte gegenüber den beiden Stauchverfahren erheblich gesteigert werden. Der größte Vorteil gegenüber dem konventionellen Stauchen ist allerdings die gleichmäßige Verteilung der Geschwindigkeit über der Probenstirnfläche.

Die neuen Schmierstoffprüfverfahren sind neben der Reibzahlermittlung auch zur Untersuchung der verschleißmindernden Eigenschaften von Schmierstoffen geeignet (vgl. Abschn. 8.2). Ihr Einsatz beschränkt sich auf die Ermittlung der Umformbedingungen, bei denen adhäsiver Werkstoffübertrag auftritt. Im Rahmen dieser Arbeit war die Erfassung der Temperatur, des wichtigsten Einflusses auf die verschleißhemmenden Eigenschaften der Schmierstoffe nicht möglich. Im Hinblick auf eine genauere Schmierstoffanalyse sollten in Zukunft verstärkte Anstrengungen zur Temperaturmessung in der Umformzone in tribologische Untersuchungen miteinbezogen werden.

7.4 Übertragbarkeit auf Umformverfahren

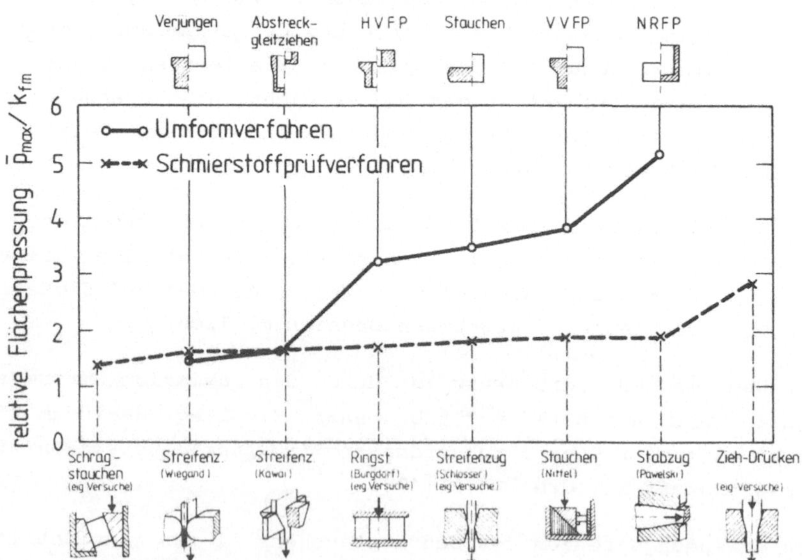

Bild 53: Vergleich der relativen Flächenpressung bei bekannten und neuen Schmierstoffprüfverfahren mit Umformverfahren.

In Kap. 3 wurden die tribologischen Maximalwerte der wichtigsten Parameter bei Kaltmassivumformverfahren und bekannten Schmierstoffprüfverfahren ermittelt, um festzustellen, inwieweit Ergebnisse von Modellversuchen auf die Praxis übertragbar sind. Im folgenden wird dargestellt, welche Simulation der tribologischen Beanspruchungen bei Umformverfahren durch die neuen Schmierstoffprüfverfahren erreicht wird.

Eine Gegenüberstellung der maximalen relativen Flächenpressung $\bar{p}_{max}/k_{fm}$ in Bild 53 zeigt, daß alle Prüfverfahren mit Ausnahme des Schrägstauchens in der Lage sind, die Verhältnisse beim Verjüngen und Abstreckgleitziehen zu simulieren. Durch Ziehdrücken können die Werte des HVFP und annähernd die des VVFP und Stauchens erreicht werden. Eine Simulation der hohen Drücke beim NRFP ist nicht möglich.

Die Gegenüberstellung der Relativgeschwindigkeiten v_{rel}/v_0 in Bild 54 zeigt, daß durch die beiden neuen Verfahren eine leichte Steigerung der Werte erzielt wurde. Die insgesamt niedrigeren Zahlenwerte dürfen nicht darüber hinwegtäuschen, daß bei der

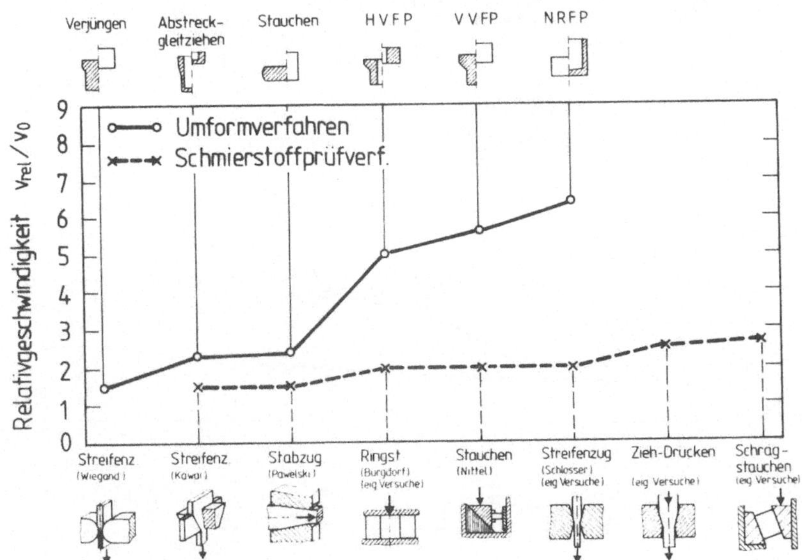

Bild 54: Vergleich der Relativgeschwindigkeiten bei bekannten und neuen Schmierstoffprüfverfahren mit Umformverfahren.

Umformung auftretende absolute Geschwindigkeiten bei den Prüfverfahren durch eine Variation der Stößel- bzw. Ziehgeschwindigkeit den gewünschten Werten angepaßt werden können.

Das Schrägstauchen ist das einzige Verfahren mit annähernd konstanter Relativgeschwindigkeit in der Wirkfuge. Es eignet sich zur Untersuchung des Geschwindigkeitseinflusses für Umformverfahren mit großen hydrodynamischen bzw. hydrostatischen Schmieranteilen.

Bild 55 zeigt den Vergleich der maximalen Oberflächenvergrößerung A_1/A_0 bei Umform- und Schmierstoffprüfverfahren.
Das Schrägstauchen ist aufgrund des kleinen Umformgrades zur Simulation dieses Parameters nicht geeignet. Durch Ziehdrücken hingegen werden gegenüber den reinen Ziehverfahren deutlich höhere Oberflächenvergrößerungen erreicht, so daß die Verhältnisse beim HVFP vergleichsweise besser nachgebildet werden können. Die extremen Werte beim NRFP sind nicht nachvollziehbar.

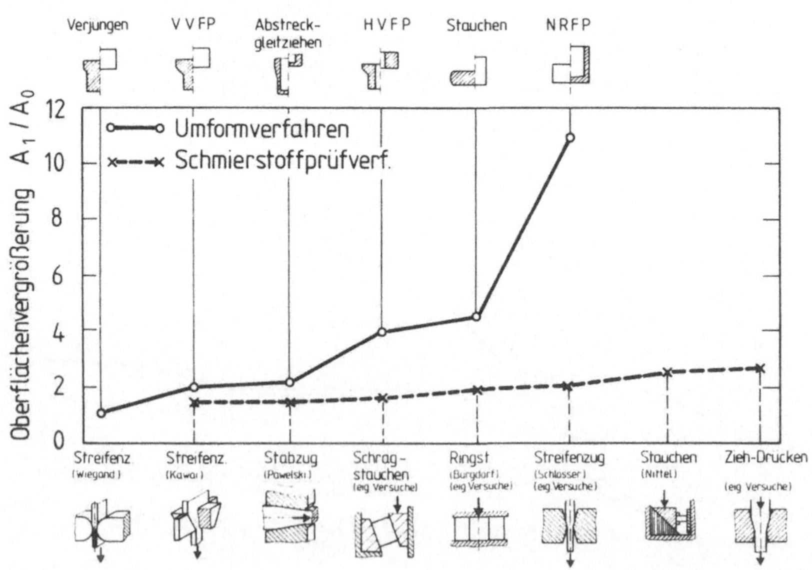

Bild 55: Vergleich der Oberflächenvergrößerung bei bekannten und neuen Schmierstoffprüfverfahren mit Umformverfahren.

Der vorangegangene Vergleich hat deutlich gemacht, daß die beiden neuen Modellversuche in mehrfacher Hinsicht eine bessere Übertragbarkeit der Ergebnisse einer Schmierstoffprüfung auf die Kaltmassivumformverfahren ermöglichen.

Das Ziehdrücken, obwohl aufwendiger in der Durchführung, ist zur Prüfung von Schmierstoffen für das Fließpressen besser geeignet als das Schrägstauchen. Abgesehen von den Verhältnissen beim NRFP wird gegenüber den bisher bekannten Verfahren eine bessere Übereinstimmung der tribologischen Beanspruchungsgrößen mit den Umformverfahren erreicht.

Das Schrägstauchen bietet sich zur Untersuchung des Geschwindigkeitseinflusses auf die Reibzahl an. Weiterhin ist eine schnelle Prüfung von Schmierstoffen hinsichtlich ihrer Fähigkeit zur Verminderung adhäsigen Werkstoffübertrages möglich (vgl. Abschn. 8.2).

Die Auswahl eines Schmierstoffs für ein bestimmtes Umformverfahren ist von mehreren Kriterien abhängig. Die wichtigsten Forderungen sind ausreichende verschleißhemmende Wirkung (vgl. Abschn. 8.2) bei gleichzeitig möglichst niedriger Reibung.

In dieser Arbeit wurden Schmierstoffprüfversuche durchgeführt, die zeigten, daß die Reibzahlen bei unterschiedlich zusammengesetzten Schmierstoffen und verschiedenen tribologischen Bedingungen erheblich differieren. Die Höhe der Reibung ist von Flächenpressung, Oberflächenvergrößerung, Relativgeschwindigkeit, Temperatur sowie der Schmierstoffviskosität und Additivierung abhängig. Aus dieser Untersuchung kann demnach ohne Kenntnis der Umformbedingungen bei einem entsprechenden praktischen Anwendungsfall keine Empfehlung für einen reibungsvermindernden Schmierstoff gegeben werden. Eine Ausnahme bilden die Polyäthylenwachse, die sehr niedrige Reibung erzeugten, Verschleiß aber nicht verhindern konnten. Daraus wird deutlich, wie wichtig eine gute Simulation der tribologischen Bedingungen des Umformverfahrens in einem Schmierstoffprüfversuch ist.

Ein weiteres Kriterium bei der Schmierstoffauswahl ist die Oberflächenausbildung des Werkstückes. Es konnte gezeigt werden, daß hochviskose Schmierstoffe bei großer Umformung und Flächenpressung größere Profiltraganteile liefern als niedrigviskose Produkte. Das Fehlen des Fettstoffes wirkte sich ebenfalls in einer Erhöhung des Traganteils aus. Werden Chlor-, Schwefel- und Phosphoradditive zugesetzt, so ist der Traganteil größer gegenüber der Additivierung nur mit Schwefel und Chlor.

Wichtige Einflußgrößen auf den Schmierstoffeinsatz sind weiterhin die Aufbringung und Entfernung des Schmierstoffes, korrosionshemmende Eigenschaften, Umweltbeeinflussungen, wirtschaftliche Gesichtspunkte u.a. Manche Schmierstoffe (z.B. Seifen) haben den Nachteil, bei unnötig großer Schichtdicke die Werkzeugkontur zuzusetzen, so daß die Preßteile nicht mehr maßhaltig sind oder im Werkzeug festklemmen. Entsprechende Vorversuche sind i.allg. nur mit dem Fließpreßwerkzeug selbst möglich, um aussagekräftige Ergebnisse zu erhalten.

Bei den Schmierstoffen für die Kaltmassivumformung kann zwischen Ölen und Fetten, wässrigen Emulsionen und Suspensionen, Seifen- und Festschmierstoffen unterschieden werden. Eine detailliertere Einteilung findet sich in [65]. Einen Überblick über deren Einsatz bei den verschiedenen Umformverfahren und die durchschnittlich zu erwartenden Reibzahlen gibt Anhang A1.

In der Kaltumformung werden neben unverdünnten, meist additivierten Mineralölen (vgl. Abschn. 8.1) in Wasser gelöste Öle, Seifen- oder Festschmierstoffe eingesetzt, wenn eine Umlaufschmierung (z. B. an Walzgerüsten) gefordert wird. Das Wasser dient als Träger für den suspendierten Schmierstoff.

Die Aufbringung von Seifen- und Festschmierstoffen erfolgt i. allg. nach einer vorhergegangenen Oberflächenbehandlung des Werkstückes. Die erzeugten sogenannten Konversionsschichten werden eingesetzt, wenn übliche Schmierstoffe zu geringe Druckbeständigkeit und Trennfähigkeit besitzen. Es handelt sich dabei um kristalline, chemisch mit dem Grundwerkstoff verwachsene Salzschichten von Metallphosphaten (bei Stahl) oder Metalloxalaten (bei nichtrostendem Stahl) [68, 69, 70]. Die Konversionsschichten bieten eine bessere Verankerung der Schmierstoffe durch Adhäsion, da die Schichten eine Porosität von 0,1% bis 1% aufweisen. Bei geeigneten Schmierstoffen (z.B. Seifen) erfolgt durch chemische Bindung eine sehr gute Haftung auf der Trägerschicht. Das bedeutendste Oberflächenbehandlungsverfahren zur Aufbringung schichtbildender Metallphosphate ist das Zink - Phosphatieren. Die Grundlagen und Einzelheiten dieses Verfahrens werden in [68] ausführlich behandelt.

Die Seifenschmierstoffe sind Reaktionsprodukte von Fettsäuren (Stearin- und Ölsäuren) mit Metalloxiden. In Verbindung mit Phosphat- oder Oxalatüberzügen bilden sie unlösliche Metallseifenschichten mit guter Schmierwirkung [71]. Die Seifen gehören zu den polaren Schmierstoffen, da sie in Kationen und Anionen dissoziieren. Die Fettsäureanionen werden von den Kationen der Konversionsschicht adsorbiert, so daß infolge dieser chemischen Bindung eine sehr gute Haftfestigkeit des Schmierstoffs auf der Trägerschicht vorliegt. Der bedeutendste Vertreter dieser Gruppe ist das Natriumstearat. Es wird gewöhnlich unmittelbar nach dem Phosphatieren aufgebracht, ist aber nur bis 220 °C beständig. Zink- und Kadmiumstearat werden zum Fließpressen von NE - Metallen eingesetzt.

Die hauptsächlich verwendeten Festschmierstoffe sind Graphit und Molybdändisulfid (MoS_2). Sie weisen eine Schichtgitterstruktur auf, so daß die einzelnen Lamellen schon bei kleinen Schubspannungen leicht aufeinander gleiten können und hohe Oberflächenvergrößerungen ermöglichen [72, 73, 74]. MoS_2 ist bis 400 °C, Graphit bis 800 °C beständig. Weitere Festschmierstoffe sind Kunststoffe (z.B. als Folien beim Tiefziehen), Gläser (Warmumformung) und Weichmetalle (Kupferüberzüge auf nichtrostendem Stahl, Zinn zum Ziehen von Stahlbüchsen).

8.1 Verschleißschutzadditive in Mineralölen

Die wichtigsten Kriterien zum Einsatz eines bestimmten Schmierstoffs sind die Vermeidung von metallischem Kontakt zwischen Werkstück und Werkzeug und damit die Verhinderung von Werkstoffübertrag sowie die Verminderung von Reibungsverlusten mit dem Ziel der Kraftersparnis und der besseren Nutzung der Umformbarkeit des Werkstückwerkstoffes.

Reine Mineralöle lagern sich durch Adhäsionswirkung an der Werkstückoberfläche an. Ihre Trennwirkung ist gering, die Gleitwirkung jedoch gut. Zur Verbesserung der Trennwirkung werden den Ölen Zusätze (Metallseifen, Fette, Alkohole, Amine, Fettsäureester, Ölsäuren) beigemischt. Diese Zusätze, die teilweise auch durch Alterung des Schmierstoffes auftreten [67], bilden auf der Metalloberfläche druckbeständige Schichten (z.B. Metallseifen) [66]. Bei größerer Umformung werden den Ölen zusätzlich EP- (extreme pressure-) Additive auf Schwefel-, Chlor- und Phosphorbasis beigegeben. Sie bilden Verschleißschutzschichten und sind bei solchen Umformverfahren unerläßlich, bei denen große Anteile frisch verformter Oberflächen in die Reibfuge gelangen (z. B. beim NRFP). Vorstellungen über Entstehung und Wirkungsweise der Schichten enthält Abschn. 5.2.4.

8.2 Verschleißprüfung durch Ziehdrücken und Schrägstauchen

In der vorliegenden Arbeit wurden Schmierstoffe verwendet, denen Additive mit verschleißmindernden Eigenschaften beigemischt wurden (vgl. Abschn. 5.2.4). Beim Ziehdrücken und Schrägstauchen wurde untersucht, inwieweit die Chlor-, Schwefel-, Phosphor und Fettstoffzusätze das Auftreten adhäsiven Werkstoffübertrages beeinflussen und wie sich die Polymerwachse im Vergleich zu den Ölen verhalten. Als Beurteilungskriterien wurden kleine Verschleißmarken (leichter Werkstoffübertrag) und größere Anfreßerscheinungen (hoher Werkstoffübertrag) auf der Werkzeugoberfläche herangezogen. Die Abschätzung dieser Größen geschah optisch und durch Abtasten der Aufschweißungen, so daß die Differenzierung zwischen kleinem und hohem Werkstoffübertrag subjektiv ist. Als qualitatives Unterscheidungsmerkmal zur Kennzeichnung der Additiveigenschaften erschien sie ausreichend.

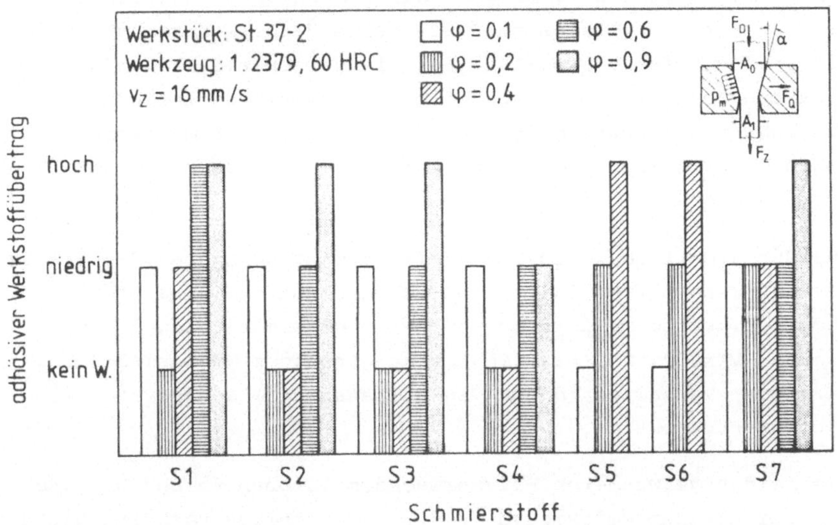

Bild 56: Qualitative Darstellung des adhäsiven Werkstoffübertrages auf die Werkzeuge beim Ziehdrücken.

Bild 56 zeigt die so beurteilte Höhe adhäsiven Werkstoffübertrages beim Ziehdrücken mit unterschiedlichen Umformgraden.

Auffallend ist zunächst, daß bei allen Flüssigschmierstoffen (S1 bis S4, S7) bei kleiner Umformung leichte Anfresser auftraten. Die zur Aktivierung der Additive nötige Temperatur war demnach noch nicht erreicht. Beim nächsthöheren Umformgrad tritt ausser bei Schmierstoff S7 (ohne Fettöl) kein Werkstoffübertrag auf. Bei dem hier noch nicht hohen Temperaturniveau übernimmt demnach hauptsächlich der polar wirkende Fettstoff die Verschleißhemmung.

Die weitere Steigerung des Umformgrades läßt in der Reibfuge Temperaturen entstehen, die, zumindest in Bereichen der Grenzreibung an Rauheitsspitzen, die Aktivierung der unterschiedlichen Additive ermöglicht. Es wird deutlich, daß eine ausschließliche Additivierung mit Chlorparaffin (S1) nicht ausreicht, um Anfresser zu verhindern. Wird hingegen Schwefel zugesetzt (S2), so ist bis zu mittleren Umformgraden eine deutliche Verschleißminderung zu erkennen. Der Einsatz des Phosphoradditivs bringt bei der geringen Viskosität (S3) keine Verbesserung, während die Erhöhung der Viskosität (S4) die Verschleißschutzeigenschaften auch bei höchster Umformung günstig beeinflußt.
Das Fehlen des Fettstoffes in S7 macht sich bei mittleren und hohen Umformgraden negativ bemerkbar, obwohl dieser Schmierstoff die höchste Viskosität besitzt.

Für den praktischen Einsatz additivierter Schmierstoffe ist daher auf Fettstoffe, Chlor- und Schwefelzusätze zu achten. Phosphorzusätze mildern bei höchsten Umformgraden und ausreichender Viskosität, bzw. möglichst günstigem Viskositäts-Temperatur - Verhalten (hoher Viskositätsindex) adhäsiven Werkstoffübertrag.

Die beiden verwendeten Polymerwachsemulsionen S5 und S6 sind nur bei kleinem Umformgrad in der Lage, Anfreßerscheinungen zu verhindern. Schon bei mittlerer Umformung mußten die Versuche abgebrochen werden, da hohe Verschleißbeträge auftraten. Die Erklärung hierfür ist das Fehlen jeglicher aktiver Substanzen (Additive), die bei direktem metallischem Kontakt an Rauheitsspitzen verschleißmindernde Schichten erzeugen könnten. Derart aufgebaute Schmierstoffe sind daher für die Massivumformung wenig geeignet, bieten sich aber aufgrund ihrer niedrigen Reibzahlen z.B. für die Blechumformung (niedrige Flächenpressung und Oberflächenvergrößerung) an.

Adhäsiver Werkstoffübertrag wurde auch beim Verfahren des Schrägstauchens beobachtet. Er tritt im Bereich der Reibzone dort auf, wo sich die Mantelflächen an die Stauchbahn anlegen (vgl. Abschn. 6.1.2, Bild 40). Im Gegensatz zum Ziehdrücken, wo der Werkzeugöffnungswinkel den Transport des Schmierstoffs in die Reibfuge begünstigt, wird beim Schrägstauchen durch den scharfen Übergang der Mantelfläche zur Stauchbahn, die einen Winkel von 90° zueinander bilden, der Schmierstofftransport behindert. Es tritt so ein Abstreifeffekt auf. Am Werkstück bilden sich an den entsprechenden gegenüberliegenden Stellen blanke Bereiche mit glatter Oberfläche aus. Hier liegt direkter Werkzeug - Werkstück - Kontakt vor, während im größten Teil der Reibfuge keine Berührung beider Reibpartner auftritt. Hier herrschen hydrodynamische, bzw. hydrostatische Schmieranteile vor, wodurch sich die kleinen Reibzahlen ergeben.

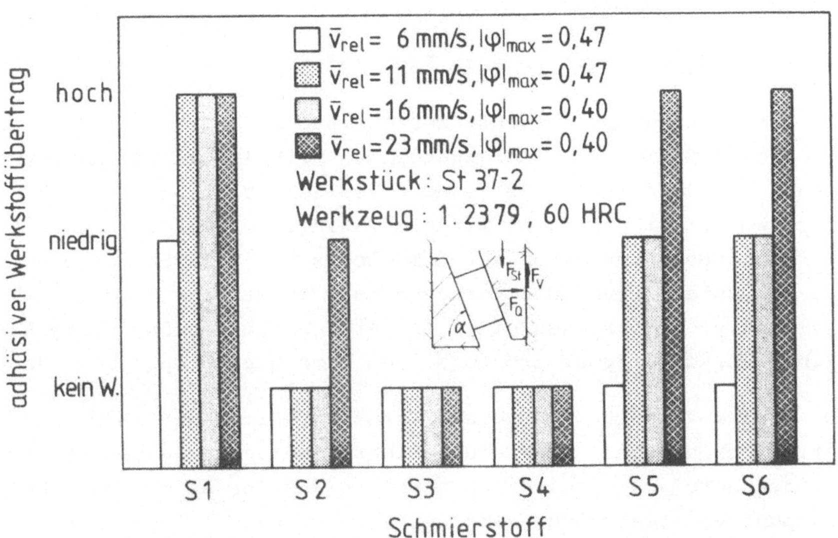

Bild 57: Qualitative Darstellung des adhäsiven Werkstoffübertrages auf die Werkzeuge beim Schrägstauchen.

Bild 57 zeigt qualitativ die Höhe des Werkstoffübertrages auf die Stempelflächen bei verschiedenen Relativgeschwindigkeiten. Mit zunehmender Geschwindigkeit in der Wirkfuge steigt die tribologische Belastung des Schmierstoffs. Dies macht sich nicht in den Reibzahlen, wohl aber im Auftreten adhäsiver Freßerscheinungen am Werkzeug bemerkbar.

Bei den Mineralölen erweist sich, wie beim Ziehdrücken, eine reine Chloradditivierung (S1) als nicht ausreichend zur Verschleißverhinderung. Auch der Schwefelzusatz (S2) kann bei der höchsten Geschwindigkeit nicht befriedigen. Der größten Belastung halten nur die zusätzlich mit Phosphor additivierten Schmierstoffe (S3 und S4) stand.

Die Polymerwachse (S5 und S6) liefern auch beim Schrägstauchen hohe Verschleißbeträge. Ihr relativ günstiges Verhalten gegenüber dem niedriglegierten Schmierstoff S1 ist durch den bei Wachsen nicht auftretenden Abstreifeffekt (s.o.) im Bereich des Mantelflächenumlegens zurückzuführen.

8.3 Vergleich mit anderen Prüfverfahren

Die Betrachtung der Verschleißerscheinungen zeigt, daß eine zunehmende Additivierung bei steigenden tribologischen Anforderungen des Umformvorganges eine erhebliche Verminderung adhäsiven Werkstoffübertrages mit sich bringt. Die Bedeutung einer ausreichenden Simulation der tribologischen Belastungen auch bei der Untersuchung des Verschleisses zeigt eine Gegenüberstellung zu Ergebnissen eines in der Schmierstoffindustrie üblichen Verschleißprüfversuches, dem Vierkugel - Apparat (VKA).

Bei diesem Versuch (Prüfvorschriften enthält DIN 51 350) rotiert eine Kugel unter einstellbarer Belastung gegen drei feststehende , im Dreieck angeordnete Kugeln. An den drei Berührpunkten treten hohe Hertz'sche Pressungen auf, die an die Tragfähigkeit des Schmierstoffs und besonders an die EP - Wirksamkeit eines beigemischten Additives hohe Anforderungen stellen. Bestimmend für die Güte eines Schmierstoffes ist die Kraft, mit der die Einzelkugel die drei anderen Kugeln ohne Anfresser (Gutkraft) und unter Auftreten erster Freßerscheinungen (Schweißkraft) belasten kann. Durch die Firma Hoechst Aktiengesellschaft wurden entsprechende Versuche mit den Mineralölschmierstoffen S1 bis S4 und S7 durchgeführt. Die Ergebnisse sind in Bild 58 dargestellt.

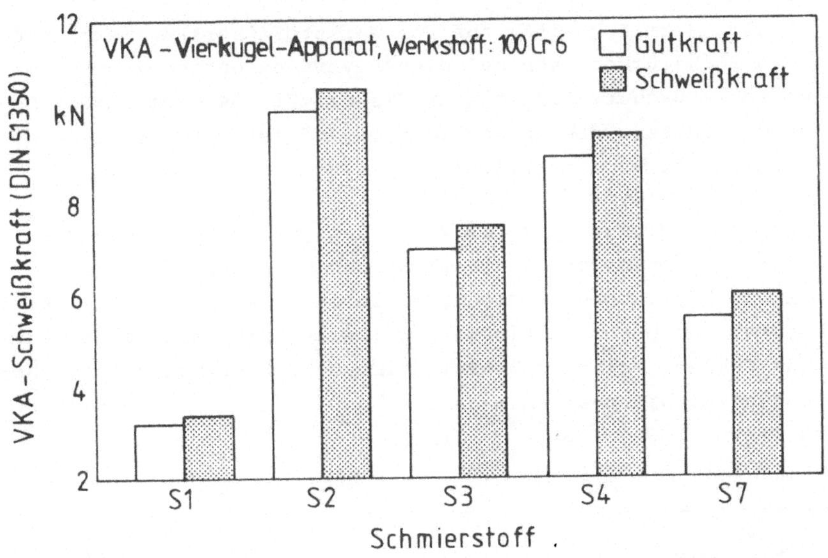

Bild 58: Verschleißuntersuchungen mit dem Vierkugelapparat.

Schmierstoff S1 versagt, übereinstimmend mit den Untersuchungen beim Ziehdrücken und Schrägstauchen, durch das Fehlen von Schwefel- und Phosphoradditiven sehr früh. Der Schwefelzusatz in S2 macht einen starken Anstieg der Schweißkraft möglich mit Werten, die über denen bei S3 und S4 (mit Phosphoradditiv) liegen. Dies ist auf die Eigenschaft des Schwefels zurückzuführen, Metallsulfid durch mechanische Reaktion mit der Werkstückoberfläche zu bilden.So wird eine Trennschicht aufgebaut,die bei diesem Versuch lange erhalten bleibt und Anfresser verhindert.
Der hohe Metallabtrag infolge der Sulfidbildung resultiert in einer starken Abplattung der Kontaktflächen der Kugeln. Diese

Bereiche weisen, übereinstimmend mit dem geringen Profiltraganteil bei Schmierstoff S2 (vgl. Abschn. 5.2.7.2, Bild 35), eine hohe Oberflächenrauheit auf. Der Mechanismus des allmählichen Sulfidschichtaufbaus kann bei der Umformung mit einmaligem Werkzeug - Werkstück - Kontakt nicht auftreten. Eine Übertragbarkeit der Ergebnisse des VKA - Versuches auf Umformverfahren ist daher zumindest in diesem Punkt nicht möglich.

Der Einfluß der Viskosität auf den Werkstoffübertrag macht sich wie beim Ziehdrücken auch bei diesem Versuch durch einen besseren Verschleißschutz bei höherer Viskosität (S4) bemerkbar. Das Fehlen des Fettstoffes in Schmierstoff S7 ist für die niedrigere Schweißkraft verantwortlich.

Schmierstoffprüfungen mit dem Vierkugelapparat haben den Vorteil der einfachen Durchführbarkeit und der Verfügbarkeit der genormten, käuflichen Vorrichtung. Entscheidende Nachteile sind die Beschränkung auf bestimmte Kugelwerkstoffe (Wälzlagerstähle) und das Fehlen jeglicher Übereinstimmung der tribologischen Bedingungen (Reibpartner im elastischen Zustand) mit den Umformverfahren.

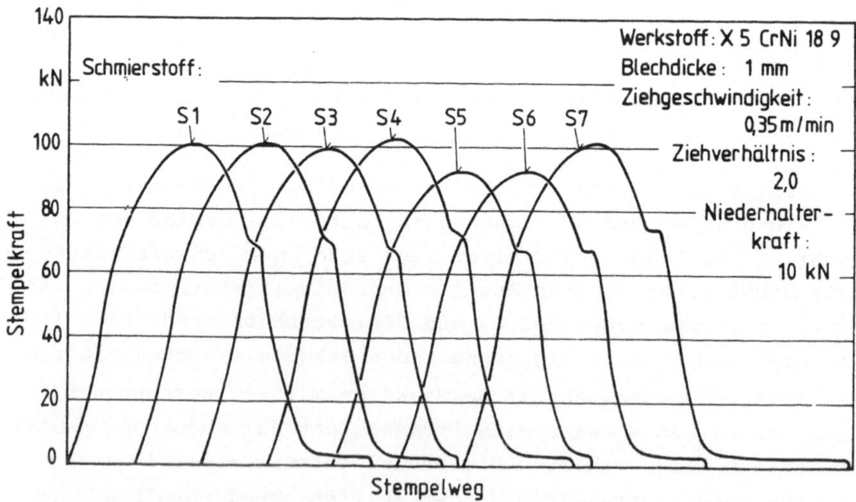

Bild 59: Kraft-Weg-Verläufe beim Näpfchen-Tiefziehversuch.

Ein weiterer Modellversuch, der in der Schmierstoffindustrie zur Klassifizierung von Schmierstoffen eingesetzt wird, ist der Näpfchen - Tiefziehversuch nach Swift [75].
Die Schmierstoffe S1 bis S7 wurden durch die Firma Hoechst Aktiengesellschaft mit diesem Versuch bei einem Stempeldurchmesser von 45 mm geprüft. Die Höhe der benötigten Ziehkraft gibt Aufschluß über die herrschende Reibung.

Aus den in Bild 59 dargestellten Kraft-Weg-Verläufen geht hervor, daß bei Verwendung aller Mineralöle nahezu die gleiche Ziehkraft gemessen wurde. Einflüsse der Additive konnten nicht festgestellt werden. Der Einsatz der Wachsemulsionen erzeugt, übereinstimmend mit den Ergebnissen des Ziehdrückens und Schrägstauchens, verminderte Reibung. Aussagefähige Schmierstoffprüfungen für die Kaltmassivumformung, besonders hinsichtlich der Additivwirksamkeit, sind mit diesem Versuch nicht möglich. Die Übertragbarkeit auf Verfahren der Blechumformung wurde nicht untersucht.

Abschließend sei noch einmal erwähnt, daß genauere Aussagen über die Bildung von Verschleißschutzschichten durch Reaktionen von Additivbestandteilen mit der Werkstückoberfläche eine eingehende Bestimmung der Temperatur in der Reibfuge voraussetzen. Nach dem heutigen Stand der Temperaturmeßtechnik wird dieses Ziel nur schwer zu erreichen sein. Eine weitere Verbesserung der Aussagefähigkeit der Modellversuche hinsichtlich der Kaltmassivumformverfahren ist jedoch durch Nachbildung produktionsähnlicher Temperaturverhältnisse möglich. Die Beharrungstemperatur im Dauerhub kann durch Vorheizen der Werkzeuge simuliert werden. Entsprechende Untersuchungen sollten einen Schwerpunkt zukünftiger Arbeit auf dem Gebiet der Tribologie bilden.

9 Zusammenfassung

Schmierstoffprüfversuche für die Kaltmassivumformung müssen in der Lage sein, die Reibbedingungen bei der Umformung möglichst genau wiederzugeben. Ein Vergleich der tribologischen Beanspruchungen in der Reibfuge bei Kaltmassivumformverfahren und Schmierstoffprüfverfahren zeigte, daß die Modellversuche Flächenpressung und Oberflächenvergrößerung nicht ausreichend simulieren können. Die zur Schmierstoffprüfung üblichen Stauchversuche weisen sehr ungleichmäßige Verteilungen von Normalspannung und Relativgeschwindigkeit in der Wirkfuge auf.

Ausgehend von dieser Gegenüberstellung wurden zwei neuartige Schmierstoffprüfverfahren entwickelt, die einerseits eine Erhöhung der tribologischen Beanspruchungsgrößen, andererseits eine gleichmäßige Ausbildung der Relativgeschwindigkeitsverteilung in der Reibzone ermöglichen.

Auf dem Prinzip üblicher Streifenziehversuche basiert das Verfahren Ziehdrücken, bei dem ein streifenförmiges Werkstück zwischen zueinander geneigten Werkzeugflächen gleichzeitig gezogen und verjüngt wird. Diese Verfahrenskombination erlaubt die Durchführung von Schmierstoffprüfversuchen bis zu einem Umformgrad, welcher der Summe der Einzelumformgrade beim Ziehen und Verjüngen entspricht. Gegenüber dem reinen Ziehen konnte so der Umformgrad um 60% gesteigert werden. Ähnliche Erhöhungen der Flächenpressung und Oberflächenvergrößerung wurden erreicht.

Die Ermittlung von Reibzahl und Flächenpressung wurde anhand von Kraftmessungen und durch Berechnungen aus dem Kräftegleichgewicht in der Wirkfuge vorgenommen.

Zum zweiten neuartigen Schmierstoffprüfverfahren wurde das schon von El-Magd beschriebene Schrägstauchen zwischen geneigten Stauchbahnen weiterentwickelt. Mit Hilfe visioplastischer Stoffflußuntersuchungen konnte nachgewiesen werden, daß mit zunehmender Neigung der Stempelflächen zur Stauchrichtung gleichmäßige Geschwindigkeitsverhältnisse in der Reibfuge vorliegen. Die Übertragbarkeit der Ergebnisse auf Umformverfahren wird durch das Fehlen des neutralen Punktes und der Haftzone gegenüber konventionellen Stauchverfahren verbessert.

Die Reibzahlermittlung aus dem Kräftegleichgewicht kann auch beim Schrägstauchen durch Kraftmessungen vorgenommen werden.

Eine Gegenüberstellung der tribologischen Beanspruchungsgrößen beider Modellversuche zu den Kaltmassivumformverfahren zeigte, verglichen mit bisher bekannten Prüfversuchen, eine bessere Nachbildung der Flächenpressung und Oberflächenvergrößerung beim Ziehdrücken. Beim Schrägstauchen wird über der gesamten Probenstirnfläche eine relativ hohe, gleichmäßig verteilte Geschwindigkeit erzeugt, die bei herkömmlichen Stauchverfahren nur im Randbereich auftritt.

Aus einer Fehlerbetrachtung ging hervor, daß die Ergebnisse beim Ziehdrücken größere Genauigkeit gegenüber dem Schrägstauchen aufweisen. Der Versuchsaufwand war beim Ziehdrücken größer.

Mit beiden neuen Verfahren wurden Schmierstoffprüfungen an speziell zusammengestellten Mineralölen mit unterschiedlicher Additivierung und an zwei Polymerwachsemulsionen durchgeführt. Anhand der Versuchsergebnisse wurden die Einflüsse der Viskosität und der Additive auf Reibzahl, Flächenpressung, Oberflächenausbildung und adhäsiven Werkstoffübertrag diskutiert.

Niedrige Viskosität wirkte sich durch verminderte Reibung verbunden mit einem kleineren Profiltraganteil der umgeformten Werkstückoberfläche aus. Der gleichzeitige Einsatz der Schmierstoffzusätze auf Chlor-, Schwefel- und Phosphorbasis sowie des Fettstoffes in einem Mineralöl hoher Viskosität war zur Verminderung adhäsiven Werkstoffübertrages am besten geeignet.

Polymerwachsemulsionen lieferten die geringsten Reibzahlen. Sie sind aber aufgrund des Fehlens von EP-Additiven und damit verbundenem hohem Verschleiß nicht für die Massivumformung geeignet.

Beim Schrägstauchen wurden aufgrund der relativ großen hydrodynamischen, bzw. hydrostatischen Schmieranteile niedrigere Reibzahlen als beim Ziehdrücken ermittelt. Mit zunehmender Relativgeschwindigkeit nahm die Reibung bei allen Schmierstoffen ab.

Anhang

Anhang A 1: Gebräuchliche Schmierstoffe und durchschnittliche Reibzahlen beim Kaltumformen versch. Werkstoffe [64].

Umformverfahren		Stahl	μ	rostfr Stahl (Ni-B)	μ	Cu, Messing	μ	Al, Mg*	μ
Kaltfließpressen	-	EP-MO	0,1	CL-MO	0,1	FO-MO	0,1	Lanolin	0,05
	+	SF auf PH	0,05	SF auf Oxalat	0,05	GR-FO	0,05	Zinkstearat	0,05
		MoS_2+SF auf PH	0,05			GR-Fett	0,05	SF auf PH	0,05
Kaltschmieden	-	EP-MO	0,1	EP-MO	0,1	FO	0,05	FO	0,05
	+	SF auf PH	0,05	CL-MO	0,1	SF	0,05	Lanolin	0,05
				SF auf Oxalat	0,05				
Drahtziehen	-	SF-FO-EM	0,1	MO-CL	0,1	SF-MO-EM	0,1	FO-MO(20-40)	0,03
	+	SF auf Kalk		SF auf Oxalat	0,05	FO-MO(20-80)	0,05	FO-MO(100-400)	0,05
		oder Borax	0,05	PO oder CL-MO	0,05	SF-FO-MO	0,1	FO-MO-EM	0,1
Tiefziehen	-	MO; SF-EM	0,05	EP-MO(-EM)	0,1	MO-EM	0,1	FS-MO	0,05
	+	FO; FO-EP-MO	0,1	SF	0,1	FO-MO	0,07	FO	0,05
		SF; SF auf PH	0,05	CL-MO	0,1	pigm. FO-SF	0,05		
		pigm. FO-SF	0,05						
Abstreckgleitziehen		EP-GR-Fett	0,1	SF auf Oxalat	0,05	FO	0,1	Lanolin	0,05
		SF auf PH	0,05			SF	0,1		

-/+ geringe / große Umformung; * Umformung i. allg. bei höheren Temperaturen

CL - Chlorparaffin
EM - wässrige Emulsion
EP - "extreme pressure" Additive
FO - Fette, Fettöle (z.B. Palmöl)
FS - Fettsäuren, Alkohole, Ester, Amine
GR - Graphit
MO - Mineralöl (Visk. in cst. bei 40°C)
PH - Phosphatschicht
PO - Polymer-, Kunststoffbeschichtung
SF - Seife (Pulver, in wässriger Lösung oder EM)

Literaturverzeichnis

[1] Jost, H. P.: Lubrication (Tribology) - A Report of the Present Position and Industry's Needs. Department of Education and Science, HM Stationary Office (1966), London.

[2] ASME: Strategy for Energy Conservation through Tribology. ASME Publications Department (1978), New York.

[3] Jost, H. P.; Schofield, J.: Energy Saving through Tribology: A Techno-Economic Study. James Clayton Lecture, Proc. Instn. Mech. Engrs., Vol. 195 (1981).

[4] Böer, H.; Graue, G.; Greis, P.; Gülker, E.; Heinke, H.; Kara, W.-H.; Lang, O.; Peeken, H.; Pollmann, E.; Roemer, E.; Uetz, H.: Tribologie - Reibung, Verschleiß, Schmierung. Forschungsbericht T 76-38, Bundesministerium für Forschung und Technologie, Juli 1976.

[5] DGMK: Tribologie - Eine Gliederung und Erfassung des Fachgebietes. Forschungsbericht 218 (1977), Hamburg.

[6] Fleischer, G.: Systembetrachtungen zur Tribologie. Wiss. Z. TH Magdeburg 14 (1970) 415.

[7] Czichos, H.; Salomon, G.: Application of Systems. Thinking and System Analysis to Tribology. BAM - Bericht Nr. 30, 1974.

[8] Czichos, H.: Systemanalyse und Physik tribologischer Vorgänge, Teil 1: Grundlagen, Teil 2: Anwendungen. Schmiertechnik und Tribologie 22 (1975) 126 und 23 (1976) 6.

[9] Czichos, H.: Tribology - A Systems Approach to the Science and Technology of Friction, Lubrication and Wear. Amsterdam: Elsevier 1978.

[10] Uetz, H.; Föhl, J.: Tribologie - Stand der Erkenntnisse und Nutzen. VDI - Berichte Nr. 333, 1979, 1.

[11] Bühler, H.; Löwen, J.: Umschau: Verfahren zum Messen des Reibungswiderstandes für die instationären Umformverfahren. Stahl und Eisen 92 (1972) 14, S. 698 - 704.

[12] Takahaschi, H.; Alexander, J. M.: Friction in the Plane Strain Compression Test. Journal Inst. of Metals 60 (1961/62), S. 72 - 79.

[13] Bailey, J. A.; Singer, A. R. E.: The Determination of the Coefficient of Friction at Elevated Temperatures Using a Plane Strain Compression Test. Journal Inst. of Metals 92 (1964), S. 378 - 380.

[14] Peterson, M. B.: Friction and Lubrication in Hot Metal Deformation. New York: Mech. Techn. Inc. Latham 1966.

[15] Newnham, J. A.; Schey, J. A.: Investigation of the Interface Friction between Tool and Workpiece Materials under Conditions of Plastic Deformation. IIT Research Inst. 1967, Rep. AD 657 617.

[16] Nittel, J.: Neues Verfahren zur Schmierstoffprüfung in der Umformtechnik durch Reibwertmessung. Fertigungstechnik und Betrieb 18 (1968), S. 301 - 304.

[17] Shaw, J. L.: Development of Die Lubricants for Forging and Extruding. Columbus, Ohio 1955. Sekundärlit. aus [11].

[18] Sevcenko, K. N.: Spannungszustand und Werkstofffluß beim axialen Stauchen eines runden Zylinders (russ.). Kuzn.-stamp. Proizvod. (1968) 6, S. 1 - 5.

[19] Sarapin, E. F.; Maksimov, N. V.: Stauchen keilförmiger Proben zur Bestimmung des Reibwertes (russ.). Čern. Metall (1963) 3, S. 105 - 112.

[20] Shutt, A.: Note: On the Measurement of Friction under Yield Conditions. Int. J. Mech. Sci. (1966) 8, S. 509 - 511.

[21] Male, A. T.; Cockcroft, M. G.: A Method for the Determination of the Coefficient of Friction of Metals under Conditions of Bulk Plastic Deformation. J. Inst. Metals 93 (1964/65), S. 38 - 46.

[22] Burgdorf, M.: Über die Ermittlung des Reibwertes für Verfahren der Massivumformung durch den Ringstauchversuch. Ind.-Anz. 89 (1967) 39, S. 799 - 804.

[23] Geiger, R.: Untersuchung von Schmierstoffen zum Warmumformen von Stahl. Ind.-Anz. 92 (1970) 30, S. 623 - 629.

[24] Schey, J. A.; Mysliwy, R. E.: The Effect of Die Surface Finish on Lubrication in Ring Upsetting. Vortragsband Eurotrib-Konferenz Bd. 1 (1977), S. 67/1 - 67/4.

[25] Nagpal, V.; Lahoti, G. D.; Altan, T.: A Numerical Method for Simultaneous Prediction of Metal Flow and Temperatures in Upset Forging of Rings. Trans. ASME, J. Eng. for Ind. 100 (1978), S. 413 - 420.

[26] Dobrucki, W.; Odrzywolek, E.: Corrélation entre le frottement de contact outil/métal déformé plastiquement et le mode d'écoulement des couches internes du métal. Journal of mechanical working techn. 4 (1981), S. 351 - 368.

[27] Avitzur, B.; Kosher, R. A.: Disk and Strip Forging for the Deformation of Friction and Flow Strength Values. ASME 1977, Paper No. 76 - WA/prod - 7.

[28] Nebe, G.: Über die Spannungs- und Formänderungsverteilung beim Stauchen. Dr.-Ing.-Diss., TH Aachen 1965.

[29] Burgdorf, M.: Untersuchungen über das Stauchen und Zapfenpressen. Berichte aus dem Institut für Umformtechnik, Universität Stuttgart, Nr. 5. Essen: Girardet 1966.

[30] Löwen, J.: Ein Beitrag zur Bestimmung des Reibungszustandes beim Gesenkschmieden. Dr.-Ing.-Diss., TU Hannover 1971.

[31] Hoang-Vu, Kh.: Möglichkeiten und Grenzen des Kaltgesenkschmiedens als eine fertigungstechnische Alternative für kleine, genaue Formteile. Berichte aus dem Institut für Umformtechnik, Universität Stuttgart, Nr. 65. Berlin: Springer 1982.

[32] Jeswiet, J.; Rice, W. B.: The Design of a Sensor for Measuring Normal Pressure and Friction Stress in the Roll Gap during Cold Rolling. Proc. 10. NAMRC, Mai 1982, Hamilton, Ontario, Canada, S. 130 - 134.

[33] Reihle, M.: Verhalten des Gleitreibungskoeffizienten von Tiefziehblechen bei hohen Flächenpressungen. Dr.-Ing.-Diss., TH Stuttgart 1959.

[34] Kawai, N.; Nakamura, T.; Iwata, M.: The Frictional Mechanism on the Surface of Metal Being Plastically Deformed by Drawing. Trans. ASME, J. Eng. for Ind. (1977), S. 242 - 249.

[35] Doege, E.; Witthüser, K.-P.; Joost, H.-G.: Prüfverfahren zur Beurteilung der Reibungsverhältnisse beim Tiefziehen. HFF-Bericht Nr. 6, Hannover 1980, S. 16/1 - 16/13.

[36] Duncan, J. L.; Shabel, B. S.: A Tensile Strip Test for Evaluating Friction in Sheet Metal Forming. Aluminium 54 (1978) 9, S. 585 - 588.

[37] Wiegand, H.; Kloos, K. H.: Der Reibungs- und Schmierungsvorgang in der Kaltformgebung und Möglichkeiten seiner Messung. Werkstatt und Betrieb 93 (1960) 4, S. 181 - 187.

[38] Pawelski, O.: Ein neues Gerät zum Messen des Reibungsbeiwertes bei plastischen Formänderungen. Stahl und Eisen 84 (1964), S. 1233 - 1243.

[39] Schlosser, D.: Beeinflussung der Reibung beim Streifenziehen von austenitischem Blech: verschiedene Schmierstoffe und Werkzeuge aus gesinterten Hartstoffen. Bänder Bleche Rohre 16 (1975) 7/8, S. 302 - 306.

[40] Schmitt, G.: Untersuchungen über das Napf-Rückwärts-Fließpressen von Stahl bei Raumtemperatur. Berichte aus dem Institut für Umformtechnik, Universität Stuttgart, Nr. 7. Essen: Girardet 1968

[41] Geiger, R.; Stefanakis, J.: Ringstauchen und Napf-Rückwärts-Fließpressen als Verfahren zur Prüfung von Schmierstoffen für das Massivumformen. Ind.-Anz. 96 (1974) 100, S. 2245 - 2248.

[42] Schey, J. A.: Dry Friction in Hot Metal Working. In: Friction and Lubrication in Deformation Processing. ASME New York (1966), S. 20 - 38.

[43] Kudo, H.; Tsubouchi, M.; Fukuhara, Y.; Ito, Y.: Determination of Friction and Wear Characteristics of Some Lubricants and Tool Materials for Cold Forging with the Simulation Testing Machine. CIRP Annalen 28/1 (1979), S. 159 - 163.

[44] Melching, R.: Untersuchungen über Verschleiß, Reibung und Schmierung beim Gesenkschmieden. Schmiertechnik und Tribologie 27 (1980) 3, S. 79 - 85.

[45] Becker, H.: Vereinfachtes Modell zur Schmierstoffauswahl. Bänder Bleche Rohre (1978) 9, S. 362 - 366.

[46] Weiergräber, M.: Entwicklung eines Verschleißsimulationsversuches für Verfahren der Massivumformung. Berichte aus dem Institut für Umformtechnik, Universität Stuttgart. Nr. 70. Berlin: Springer 1983.

[47] Lange, K.: Lehrbuch der Umformtechnik Bd. 1 Grundlagen. Berlin/Heidelberg/New York: Springer 1972.

[48] Lange, K.: Lehrbuch der Umformtechnik Bd. 2 Massivumformung. Berlin/Heidelberg/New York: Springer 1974.

[49] Gräbener, Th.: Schmierstoffprüfung in der Kaltmassivumformung durch Streifenziehen und Ringstauchen. Metall 36 (1982) 4, S. 375 - 379.

[50] Wilson, W. R. D.: The Mechanics of Solid Lubrication in Metal Forming Processes. Proc. 1. Int. Conf.: Lubrication Challenges in Metalworking and Processing. IIT, Chicago, Juni 1978, S. 44 - 51.

[51] Pawelski, O.: Einfluß der Schmierung und der Umformbedingungen auf die Reibung bei der Formgebung von Stahl. Schmiertechnik 15 (1968) 3, S. 129 - 138.

[52] Wistreich, J. G.: Investigation of the Mechanics of Wire Drawing. Proc. Instn. Mech. Eng. 169 (1955), S. 654 - 665.

[53] Kudo, H.; Tanaka, S.; Imamura, K.; Suzuki, K.: Investigation of Cold Forming Friction and Lubrication with a Sheet Drawing Test. CIRP Annalen 25 (1976) 1, S. 179 - 184.

[54] Gräbener, Th.; Lange, K.: Tribological Conditions in Cold Metal Forming: Influence of Normal Stress and Relative Velocity on the Coefficient of Friction. Proc. 10. NAMRC, Mai 1982, Hamilton, Ontario, Canada, S. 122 - 129.

[55] Lange, K.; Gräbener, Th.: Untersuchung der Möglichkeiten für eine technologische Schmierstoffprüfung für Verfahren der Kaltmassivumformung. Dokumentation: Tribologie - Reibung, Verschleiß, Schmierung Bd. 1. Hrsg.: Projektträgerschaft "Metallurgie, .." des BMFT bei der DFVLR, Köln. Berlin/Heidelberg/New York: Springer 1981, S. 505 - 550.

[56] Binder, H.: Untersuchungen über das Verjüngen von zylindrischen Vollkörpern. Berichte aus dem Institut für Umformtechnik, Universität Stuttgart, Nr. 58. Berlin: Springer 1980.

[57] El-Magd, E.: Werkstoffverhalten von Reinaluminium beim Stauchen zwischen zwei parallelen, zur Stauchrichtung geneigten Stempelflächen. Metall 32 (1978) 8, S. 781 - 786.

[58] Dubbel: Taschenbuch für den Maschinenbau. 14. Auflage. Berlin/Heidelberg/New York: Springer 1981.

[59] Bowden, F. P.; Tabor, D.: Reibung und Schmierung fester Körper. Berlin/Göttingen/Heidelberg: Springer 1959.

[60] Braithwaite, E. R.: Lubrication and Lubricants. Amsterdam/London/New York: Elsevier 1967.

[61] Hansen, N.: Die Bedeutung der Profiltraganteilkurve zur Kennzeichnung von abgespanten und umgeformten Oberflächen. Werkstattechnik 57 (1967) 8, S. 379 - 383.

[62] Mössle, E.: Einfluß der Blechoberfläche beim Ziehen von Blechteilen aus Aluminiumlegierungen. Berichte aus dem Institut für Umformtechnik, Universität Stuttgart. Berlin: Springer 1983.

[63] Thomsen, E. G.: What Stress-Strain Curve Shall I Use? Proc. 11. NAMRC, Mai 1983, Madison, Wisconsin, USA.

[64] Schey, J. A.: Metal Deformation Processes: Friction and Lubrication. New York: Dekker 1970/Pergamon 1979.

[65] Bartz, W. J.: Einführung in die Problematik - Tribologie in der Umformtechnik. Vortragsband "Schmierstoffe in der Umformtechnik", TAE Esslingen, 20. bis 22. Okt. 1980.

[66] Lange, K.: Lehrbuch der Umformtechnik Bd. 1, Kap. 5. Berlin/Heidelberg/New York: Springer Neuauflage 1983.

[67] Hamann, W.: Die Wechselwirkung von Schmierstoffen mit Metallen. Schmiertechnik und Tribologie 28 (1981) 2, S. 47 - 49.

[68] Geiger, R.: Oberflächenbehandlung für das Kaltmassivumformen von Stahl, Teil 1 und 2. Draht 33 (1982) 10, S. 627 - 629 und Draht 33 (1982) 11, S. 674 - 677.

[69] Haupt, H. J.: Oberflächenbehandlung für das Kaltmassivumformen. wt - Z. ind. Fertig. 69 (1979), S. 555 - 568.

[70] Machu, W.: Oxalatüberzüge als Hilfsmittel bei der Kaltverformung von rostfreien Eisen-Chrom-Nickel-Legierungen. Metalloberfläche 19 (1965), S. 204 - 208.

[71] Münster, A.: Entwicklungsstand der Schmierstoffe für die Kaltmassivumformung. Maschinenmarkt 79 (1973) 64, S. 1409 - 1411.

[72] Holinski, R.; Gänsheimer, J.: Neuere Ergebnisse der Grundlagenforschung und Praxis der Festschmierstoffe. Haus der Technik-Vortragsveröffentlichung 260. Essen: Vulkan 1971.

[73] Wunsch, F.: Festschmierstoffe - Theorie und Praxis, Teil 1 bis 4. ingenieur digest 13 (1974) 12, 14 (1975) 1 bis 3.

[74] Vetter, H.: Festschmierstoffe für das Kaltfließpressen von Stahl. Ind.-Anz. 93 (1971) 66, S. 1681 - 1684.

[75] Ziegler, W.: Die Näpfchenprüfung nach Swift. Ind.-Anz. 91 (1969), S. 2250 - 2252.

[76] König, W., Witte, L.: Kühlschmieren beim Zerspanen metallischer Werkstoffe. Maschinenmarkt 84 (1978) 6, S. 97 - 100.

[77] Schulze, D.: Anwendung von Kühlschmierstoffen und ihr Einfluß beim Zerspanen. Maschinenmarkt 83 (1977) 69, S. 1307 - 1311.

Berichte aus dem Institut für Umformtechnik der Universität Stuttgart

Herausgeber Professor Dr.-Ing. Kurt Lange

1 **Untersuchung über den Einfluß der Belastungszeit auf die Streuung der Rückfederung von Biegeteilen**
Von Dipl.-Ing. Klaus Tafel. 70 Seiten Text u. 64 Seiten mit 49 Bildern u. 15 Tafeln. Vergriffen

2/3 **Untersuchungen über das freie Napfen**
Von Dipl.-Ing. Gerhard Schmitt und Dipl.-Ing. Dieter Schmoeckel.
Untersuchungen über den Kraft- und Arbeitsbedarf sowie den Umformwirkungsgrad beim Vorwärts-Vollfließpressen von Stahl
Von Dipl.-Ing. Dieter Kast. 40 Seiten Text u. 43 Seiten mit 47 Bildern u. 5 Tafeln. 28,— DM

4 **Untersuchungen über die Werkzeuggestaltung beim Vorwärts-Hohlfließpressen von Stahl und Nichteisenmetallen**
Von Dipl.-Ing. Dieter Schmoeckel. 72 Seiten Text u. 117 Seiten mit 179 Bildern. 39,— DM

5 **Untersuchungen über das Stauchen und Zapfenpressen**
Von Dipl.-Ing. Märten Burgdorf. 126 Seiten Text u. 58 Seiten mit 138 Bildern u. 4 Tafeln. 55,— DM

6 **Untersuchungen über die Streuung der Kräfte und Arbeiten beim Fließpressen in der laufenden Fertigung und den Einfluß der Phosphatschichtdicke und des Schmiermittels**
Von Dipl.-Ing. Hans-Dietrich Witte. 38 Seiten Text u. 48 Seiten mit 49 Bildern. 30,— DM

7 **Untersuchungen über das Rückwärts-Napffließpressen von Stahl bei Raumtemperatur**
Von Dipl.-Ing. Gerhard Schmitt. 132 Seiten Text u. 93 Seiten mit 130 Bildern u. 5 Tafeln. 34,— DM

8 **Die Abbildegenauigkeit beim Biegen im 90°-V-Gesenk und ihre Beeinflussung durch Nachdrücken im Gesenk durch Nachdrücken im Gesenk**
Von Dipl.-Ing. Eckart Dannenmann. 50 Seiten Text u. 31 Seiten mit 28 Bildern u. 1 Tafel. Vergriffen

9 **Untersuchungen über den Zusammenhang zwischen Vickershärte und Vergleichsformänderung bei Kaltumformvorgängen**
Von Dipl.-Ing. Hans Wilhelm. 50 Seiten Text u. 35 Seiten mit 37 Bildern u. 2 Tafeln. Vergriffen

10 **Untersuchungen über das Abstreckziehen von zylindrischen Hohlkörpern bei Raumtemperatur**
Von Dipl.-Ing. Rolf K. Busch. 86 Seiten Text u. 92 Seiten mit 97 Bildern. Vergriffen

11 **Vorgänge beim elektromagnetischen und elektrohydraulischen Umformen von metallischen Werkstücken**
Von Dipl.-Ing. Herbert Müller. 90 Seiten Text u. 110 Seiten mit 93 Bildern u. 10 Tafeln. 22,— DM

12 **Ein Verfahren zur näherungsweisen Berechnung des Spannungs- und Formänderungszustandes beim Fließen starrplastischer Werkstoffe**
Von Dipl.-Ing. Gerhard Adler. 124 Seiten Text u. 76 Seiten mit 72 Bildern. Vergriffen

13 **Modellgesetzmäßigkeiten beim Rückwärtsfließpressen geometrisch ähnlicher Näpfe**
Von Dipl.-Ing. Dieter Kast. 101 Seiten Text u. 73 Seiten mit 60 Bildern u. 6 Tafeln. Vergriffen

14 **Untersuchungen über das Genauschneiden von Stahl und Nichteisenmetallen**
Von Dipl.-Ing. Wilfried Krämer. 96 Seiten Text u. 132 Seiten mit 128 Bildern u. 10 Tafeln. Vergriffen

15 **Entwicklung und Erprobung eines Simulators zur reproduzierbaren Nachahmung der Kraft-Weg-Verläufe von Umformvorgängen**
Von Dipl.-Ing. Kurt Schmid. 88 Seiten Text u. 38 Seiten mit 35 Bildern u. 2 Tafeln. 17,— DM

16 **Walzrichten von Metallbändern mit symmetrisch angestellter Fünf-Walzen-Richtmaschine**
Von Dipl.-Ing. Hans-Dietrich Witte. 108 Seiten Text u. 63 Seiten mit 60 Bildern u. 8 Tafeln. 22,— DM

17/18 **Erzeugung räumlicher Blechgebilde mittels Flächenbiegung**
Konstruktion, Abwicklung und Herstellung von Schraubtorsen aus Blech
Von Prof. Dr.-Ing. E. h. Dr. techn. h. c. Otto Kienzle.
120 Seiten Text u. 55 Seiten mit 86 Bildern u. 3 Tafeln. 22,— DM

19 **Einfluß der Alterung auf die mechanischen Eigenschaften von Stählen zum Kaltfließpressen**
Von Dipl.-Ing. Vladimir Hasek, CSc. 43 Seiten Text u. 54 Seiten mit 50 Bildern u. 3 Tafeln 16,— DM

20 **Beitrag zur Frage der Spannungen, Formänderungen und Temperaturen beim axialsymmetrischen Strangpressen**
Von Dipl.-Ing. Rolf Dalheimer. 118 Seiten Text u. 76 Seiten mit 79 Bildern u. 3 Tafeln Vergriffen

21 **Über den Einfluß der Werkzeuggeschwindigkeit auf den Stauchvorgang**
Von Dipl.-Ing. H.-J. Metzler. 127 Seiten Text u. 100 Seiten mit 94 Bildern u. 6 Tafeln. 25,— DM

22 **Numerische Behandlung von Verfahren der Umformtechnik**
Von Dr.-Ing. Elmar Steck. 67 Seiten Text u. 22 Seiten mit 43 Bildern. 16,— DM

23 **Ein Verfahren zur näherungsweisen Berechnung der Wärmeentwicklung und der Temperaturverteilung beim Kaltstauchen von Metallen**
Von Dipl.-Ing. Walther Pohl. 78 Seiten Text u. 51 Seiten mit 61 Bildern u. 4 Tafeln. 21,— DM

24 **Untersuchungen über das Drückwalzen zylindrischer Hohlkörper und Beitrag zur Berechnung der gedrückten Fläche und der Kräfte**
Von Dipl.-Ing. Hans-Jürgen Dreikandt. 161 Seiten Text u. 79 Seiten mit 73 Bildern u. 6 Tafeln. Vergriffen

25 **Über den Formänderungs- und Spannungszustand beim Ziehen von großen unregelmäßigen Blechteilen**
Von Dipl.-Ing. Vladimir Hasek, CSc. 129 Seiten Text u. 106 Seiten mit 109 Bildern u. 9 Tafeln. 35,— DM

26 **Über die Anisotropie des plastischen Verhaltens stranggepreßter Stäbe aus hexagonalen Metallen**
Von Dipl.-Ing Gunther Schroder. 129 Seiten Text u. 75 Seiten mit 97 Bildern u. 2 Tafeln. Vergriffen

27 **Die Messung der mechanischen Kontaktspannung in der Wirkfuge Werkzeug — Werkstück bei Umformverfahren**
Von Dipl.-Ing. Fritz Dohmann. 99 Seiten Text u. 82 Seiten mit 93 Bildern u 4 Tafeln. Vergriffen

28 **Beitrag zur rechnerunterstützten Auslegung von Pressengestellen**
Von Dipl.-Ing. Manfred Geiger. 94 Seiten u. 56 Seiten mit 63 Bildern. Vergriffen

29 **Untersuchungen über das Aufweittiefziehen**
Von P. S. Raghupathi, M. E. ISBN 3-7736-0780-6
80 Seiten Text u. 54 Seiten mit 73 Bildern u. 2 Tafeln 32.– DM*

30 **Faltenbildung als Verfahrensgrenze beim Stauchen von Hohlkörpern**
Von Dipl.-Ing. Klaus Dieterle ISBN 3-7736-0781-4.
55 Seiten Text u. 35 Seiten mit 43 Bildern u. 3 Tafeln 28.– DM

31 **Beitrag zur Ermittlung von Fließkurven im kontinuierlichen hydraulischen Tiefungsversuch**
Von Dipl.-Ing. Franc Gologranc ISBN 3-7736-0785-7.
125 Seiten Text u. 58 Seiten mit 95 Bildern u. 6 Tafeln. Vergriffen

32 **Untersuchungen an Strangpreßmatrizen**
Von Dipl.-Ing. Klaus Gieselberg ISBN 3-7736-0786-5
101 Seiten Text u. 56 Seiten mit 69 Bildern. 45.– DM

33 **Beitrag zur Messung der Strangoberflächentemperatur beim Strangpressen**
Von Dipl.-Ing. Karl-Heinz Friedrich. ISBN 3-7736-0787-3
83 Seiten Text u. 90 Seiten mit 84 Bildern u. 3 Tafeln 48.– DM

34 **Über das Umformverhalten von Blechen aus Titan und Titanlegierungen**
Von Dipl.-Ing. Hans Wilhelm ISBN 3-7736-0788-1
107 Seiten Text u. 69 Seiten mit 76 Bildern u. 13 Tafeln 48.– DM

35 **Untersuchung der magnetischen Induktion, Stromdichte und Kraftwirkung bei der Magnetumformung**
Von Dipl.-Ing. Volker Schmidt ISBN 3-7736-0789-X
60 Seiten Text u. 53 Seiten mit 84 Bildern 21.– DM

36 **Der Stofffluß beim kombinierten Napffließpressen**
Von Dipl.-Ing. Rolf Geiger. ISBN 3-7736-0790-3
111 Seiten Text u. 74 Seiten mit 80 Bildern u. 6 Tafeln Vergriffen

37 **Beitrag zum Verhalten superplastischer Werkstoffe beim Massivumformen**
Von Dipl.-Ing. Hans Schelosky. ISBN 3-7736-0791-1.
123 Seiten Text u. 61 Seiten mit 60 Bildern u. 4 Tafeln 48.– DM

38 **Energieumsatz beim elektrohydraulischen Umformen**
Von Dipl.-Ing. Hans-Joachim Weckerle. ISBN 3-7736-0792-X.
103 Seiten Text u. 46 Seiten mit 56 Bildern 45.– DM

39 **Elastische Wechselwirkungen an Gestell und Hauptgetriebe weggebundener Pressen**
Von Dipl.-Ing. Lutz Schemperg ISBN 3-7736-0793-8.
91 Seiten Text u. 58 Seiten mit 65 Bildern u. 3 Tafeln 45.– DM

40 **Über das plastische Verhalten von Sintermetallen bei Raumtemperatur**
Von Dipl.-Ing. Hartmut Honeß ISBN 3-7736-0794-6.
84 Seiten Text u. 54 Seiten mit 67 Bildern u. 2 Tafeln 45.– DM

41 **Untersuchungen zum Halbwarmfließpressen von Stahl**
Von Dr.-Ing. Rolf Geiger, Dipl.-Ing. Eckart Dannenmann und Dipl.-Ing. Jean Stefanakis.
ISBN 37736-0795-4 50 Seiten Text u. 33 Seiten mit 34 Bildern u. 2 Tafeln Vergriffen

42 **Änderung der Werkstoffeigenschaften beim Ziehen von zylindrischen Hohlkörpern aus austenitischen und ferritischen nichtrostenden Stählen**
Von Dipl.-Ing. Rolf Zeller ISBN 3-7736-0796-2.
80 Seiten Text u. 52 Seiten mit 34 Bildern u. 2 Tafeln 38.– DM

43 **Untersuchungen über das Fließpressen superplastischer Werkstoffe**
Von Dr.-Ing. Hans Schelosky. ISBN 3-7736-0797-0
36 Seiten Text u. 24 Seiten mit 26 Bildern u. 1 Tafel. 30,– DM

44 **Umformende Bearbeitung in flexiblen Fertigungssystemen**
Von Dipl.-Ing. Hartmut Kaiser. ISBN 3-7736-0798-9
87 Seiten Text u. 24 Seiten mit 47 Bildern. 36,– DM

45 **Geometrische Eigenschaften tiefgezogener kreiszylindrischer Näpfe**
Von Dipl.-Ing. Dieter Schlosser ISBN 3-7736-0799-7
107 Seiten Text u. 64 Seiten mit 60 Bildern u. 9 Tafeln. 48,– DM

46 **Die Eigenschaften einer AlZnMgCu-Legierung nach ausgewählten Kombinationen von Wärmebehandlung und Kaltumformung**
Von Dipl.-Ing. Karl Hankele ISBN 3-7736-0880-2.
86 Seiten Text u. 51 Seiten mit 52 Bildern u. 4 Tafeln. 45.– DM

47 **Kaltmassivumformen von Sintermetall**
Von Dipl.-Ing. Hans Dieter Schacher ISBN 3-7736-0881-0
84 Seiten Text u. 44 Seiten mit 47 Bildern u. 5 Tafeln 42.– DM

48 **Rechnerunterstützte Arbeitsplanerstellung und Kostenrechnung beim Kaltmassivumformen von Stahl**
Von Dipl.-Ing. Peter Noack ISBN 3-7736-0882-9.
216 Seiten Text u. 116 Seiten mit 134 Bildern u. 23 Tafeln. 65,– DM

49 **Beitrag zur beanspruchungsgerechten Auslegung von rotationssymmetrischen Fließpreßmatrizen**
Von Dipl.-Ing. Gunther Kramer. ISBN 3-7736-0883-7
94 Seiten Text u. 53 Seiten mit 56 Bildern. 48,– DM

50 **Erzeugung gratfreier Schnittflächen durch Aufteilen des Schneidvorgangs (Konterschneiden)**
Von Dipl.-Ing. Heinz Liebing. ISBN 3-7736-0884-5
87 Seiten Text u. 51 Seiten mit 55 Bildern u. 4 Tafeln 46.– DM

Die Berichte 1 bis 50 sind zu beziehen durch das Institut fur Umformtechnik, Holzgartenstr. 17, 7000 Stuttgart 1

51 **Berechnung der elastischen Eigenschaften von Baugruppen im Pressenbau**
Von Dipl.-Ing. Herbert Blum ISBN 3-540-09804-6.
151 Seiten mit 55 Abbildungen. 48,– DM

52 **Untersuchung der Verfahrensgrenzen beim 180°-Biegen von Fein- und Mittelblechen**
Von Dipl.-Phys. Wolfgang Schaub. ISBN 3-540-09881-X.
65 Seiten mit 24 Abbildungen. 38.– DM

53 **Abstreckgleitziehen von nichtrostenden austenitischen Stählen**
Von Dipl.-Ing. Jobst-H. Kerspe. ISBN 3-540-09882-8.
109 Seiten mit 36 Abbildungen. 43,– DM

54 **Fließpressen von Stahl im Temperaturbereich 773 K (500°C) bis 1073 K (800°C)**
Von Dipl.-Ing. Ulrich Diether. ISBN 3-540-09959-X.
165 Seiten mit 80 Abbildungen. 48,– DM

55 **Die numerisch gesteuerte Radial-Umformmaschine und ihr Einsatz im Rahmen einer flexiblen Fertigung**
Von Dipl.-Ing. Peter Metzger. ISBN 3-540-10073-3.
158 Seiten mit 65 Abbildungen. 43,– DM

56 **Möglichkeiten zur Steuerung des Stoffflusses beim Ziehen großer unregelmäßiger Blechteile**
Von Dr.-Ing. Vladimir V. Hasek. ISBN 3-540-10074-1.
193 Seiten mit 96 Abbildungen. 48,– DM

57 **Beitrag zur Arbeitsgenauigkeit des Kaltmassivumformens**
Von Dipl.-Ing. Herbert Leykamm. ISBN 3-540-10363-5.
165 Seiten mit 84 Abbildungen und 5 Tabellen.. 48,– DM

58 **Untersuchungen über das Verjüngen von zylindrischen Vollkörpern**
Von Dipl.-Ing. Helmut Binder. ISBN 3-540-10466-6.
146 Seiten mit 50 Abbildungen und 3 Tabellen. 43,– DM

59 **Umformverhalten legierter Sintereisen**
Von Dipl.-Ing. Manfred Stilz. ISBN 3-540-11051-8.
170 Seiten mit 75 Abbildungen und 5 Tabellen. 48,– DM

60 **Interaktives Programmsystem zur Erstellung von Fertigungsunterlagen für die Kaltmassivumformung**
Von Dipl.-Ing. Michael Rebholz. ISBN 3-540-11052-6.
121 Seiten mit 46 Abbildungen. 43,– DM

61 **Beitrag zum Ziehen von Blechteilen aus Aluminiumlegierungen**
Von Dipl.-Ing. Michael Blaich. ISBN 3-540-11067-4.
141 Seiten mit 64 Abbildungen und 5 Tabellen. 43,– DM

62 **Auslegung von rotationssymmetrischen Fließpreßwerkzeugen im Bereich elastisch-plastischen Werkstoffverhaltens**
Von Dipl.-Ing. Thomas Neitzert. ISBN 3-540-11623-0.
159 Seiten mit 51 Abbildungen. 53,– DM

63 **Fließpressen von Sintermetall im Temperaturbereich zwischen 873 K (600°C) und 1173 K (900°C)**
Von Dipl.-Ing. Wolfgang Schaub. ISBN 3-540-11678-8.
160 Seiten mit 85 Abbildungen und 9 Tabellen. 53,– DM

64 **Rechnerunterstützte Konstruktion von Umformwerkzeugen und die Fertigungsplanung von Werkzeugelementen**
Von Dipl.-Ing. Dieter Steuss. ISBN 3-540-11856-X.
178 Seiten mit 87 Abbildungen und 6 Tabellen. 53,– DM

65 **Möglichkeiten und Grenzen des Kaltgesenkschmiedens als eine fertigungstechnische Alternative für kleine, genaue Formteile**
Von Dipl.-Ing. Khang Hoang-Vu. ISBN 3-540-11876-4.
156 Seiten mit 62 Abbildungen und 5 Tabellen. 53,– DM

66 **Einsatz numerischer Näherungsverfahren bei der Berechnung von Verfahren der Kaltmassivumformung.**
Von Dipl.-Ing. Karl Roll. ISBN 3-540-11910-8.
166 Seiten mit 49 Abbildungen und 2 Tabellen. 53,– DM

67 **Untersuchung über das Verjüngen von dickwandigen, zylindrischen Hohlkörpern**
Von Dipl.-Ing. Knut Haarscheidt. ISBN 3-540-12229-X.
124 Seiten mit 58 Abbildungen und 6 Tabellen. 58,– DM

68 **Rechnerunterstützte Optimierung des Tiefziehens unregelmäßiger Blechteile**
Von Dipl.-Ing. Hans Glöckl. ISBN 3-540-12522-1.
143 Seiten mit 60 Abbildungen. 58,– DM

69 **Hydrostatisches Fließpressen: Verfahrensparameter und Werkstückeigenschaften**
Von Dipl.-Ing. Jobst H. Kerspe. ISBN 3-540-12537-X.
123 Seiten mit 69 Abbildungen und 5 Tabellen. 58,– DM

70 **Untersuchungen zum Halbwarmfließpressen von Automatenstählen**
Von Dipl.-Ing. Eberhard Nehl. ISBN 3-540-12568-X.
145 Seiten mit 104 Abbildungen. 58,– DM

71 **Entwicklung und Anwendung neuer Schmierstoffprüfverfahren für die Kaltmassivumformung**
Von Dipl.-Ing. Thomas Gräbener. ISBN 3-540-12836-0.
140 Seiten mit 65 Abbildungen. 58,– DM

Die Berichte 51 und folgende sind zu beziehen durch den Springer-Verlag, Berlin Heidelberg New York Tokyo